江苏水利工程精细化管理丛书

水闸精细化管理

SHUIZHA JINGXIHUA GUANLI

江苏省水利厅◎编著

河海大學出版社
HOHAI UNIVERSITY PRESS
·南京·

图书在版编目(CIP)数据

水闸精细化管理 / 江苏省水利厅编著. -- 南京 : 河海大学出版社，2020.12(2022.8 重印)

ISBN 978-7-5630-6359-8

Ⅰ. ①水… Ⅱ. ①江… Ⅲ. ①水闸－水利工程管理－江苏 Ⅳ. ①TV66

中国版本图书馆 CIP 数据核字(2020)第 255618 号

书　　名　水闸精细化管理
书　　号　ISBN 978-7-5630-6359-8
责任编辑　张心怡
责任校对　彭志诚
装帧设计　黄　煜　吴建中
出版发行　河海大学出版社
地　　址　南京市西康路 1 号(邮编:210098)
电　　话　(025)83737852(总编室)
　　　　　　(025)83722833(营销部)
经　　销　江苏省新华发行集团有限公司
排　　版　南京布克文化发展有限公司
印　　刷　江苏凤凰数码印务有限公司
开　　本　787 毫米×1092 毫米　1/16
印　　张　12.25
字　　数　301 千字
版　　次　2020 年 12 月第 1 版
印　　次　2022 年 8 月第 3 次印刷
定　　价　76.00 元

《水闸精细化管理》

编写组

主　　编：陆一忠

副 主 编：高杏根　周灿华

编写人员：郭　宁　蔡　平　吴卿凤

傅　华　匡　正　姚文泉

赵　勇　孙　勇　耿伟轩

陆范彪　戴春祥　曹　云

汤建忠　范顺芳　周开欣

张　晖

序

“水”是江苏最为鲜明的符号。江苏境内水系发达、水网密布、水韵流芳，天然河流与人工河道纵横交错，湖泊湿地和水库塘坝星罗棋布，不但有横穿东西的长江、纵贯南北的大运河，还有包孕吴越的太湖、名肇隋唐的洪泽湖，是全国唯一拥有大江大河大湖大海的省份。全省 10.72 万 km^2 土地承接上游近 200 万 km^2 的洪水过境，80%的地面处于洪水位之下，历来有“洪水走廊”之称。

特殊的地理位置和水系特点，决定了江苏因水得益。水为利时，成就了苏南鱼米之乡、苏北千年漕运之繁华；反之，水为患时，江淮大地频受洪涝旱渍之害、人民群众饱受水患之苦。治水患、兴水利一直是江苏儿女孜孜以求的目标。中华人民共和国成立后，江苏开展了治淮治太、江水北调、江海堤防达标等大规模水利工程建设，建成了较为完整的防洪除涝减灾体系，实现了长江、太湖、淮河和沂沭泗四大水系互调互济，构成了水灾害防御、水资源调配、水生态保护的坚实防线。

管理出效益。加强管理是保证水利工程安全运用、设计效益充分发挥的关键所在。面广量大的江河堤防、数以万计的涵闸泵站，全省水利工程管理任务艰巨，亟待科学规范的管护。江苏水利始终坚持一建就管，建管并重的理念，从起步探索建立水利工程管理机构、管理体制机制开始，到 20 世纪 70 年代，逐步形成了统一管理与分级管理相结合的体制。进入 20 世纪 80 年代，工程管理规范化、制度化建设探索实践，在水利深化改革浪潮中，管理体制机制进一步优化完善。90 年代后，相继制定了水闸、泵站系列管理办法和规章制度。21 世纪初，水闸、泵站技术管理办法在实践基础上得以修订完善，并制定印发堤防、水库技术管理办法，工程管理制度化建设基石愈发坚固。随着《江苏省水利工程管理考核办法》及考核标准的实施，水利工程管理考核工作全面推行，工程规范化、制度化、科学化管理进入新阶段。江苏水利始终坚持与时俱进、创新发展，经过长期深入实践，工程管理机制体制、技术手段、制度体系日臻健全，管理能力持续提升，一大批工程管理单位通过国家级、省级水利工程管理单位考核验收，工程管理稳步发展提升，服务经济社会成效显著。

借鉴先进的精细化管理理念和科学方法，是江苏水利贯彻习近平总书记十六字治水思路，落实“补短板、强监管、提质效”发展总基调，促进水利工程管理提档升级的重要举措。江苏水利以科学严谨的态度，敢为人先的勇气，突破工程管理传统思维定式，弘扬追求卓越的“工匠精神”，把精细化管理作为全省水利工程规范化管理的“升级版”、工程安全高效运行的“总阀门”、工程管理向现代化迈进的“推进器”，贯彻“精、准、细、严”的核心思想，以专业化为前提、系统化为保证、数据化为标准、信息化为手段，加强顶层设计，开展专题研究，构建理论体系，确立水利工程精细化管理的基本模式、工作体系、实施路径，先行先试，典型引领，逐步推广。先后出台《江苏省水利工程精细化管理指导意见》，印发《江苏省水利工程精细化管理评价办法》，围绕“六大管理”（管理任务、管理标准、管理制度、管理流程、管理评价和管理平台），细化目标任务、明晰工作标准、规范作业流程、健全管理制度、强化考核评价、构建信息平台，探索实践水利工程精细化管理的“江苏经验”。这是新时代江苏水利以科学理论推动工程管理提质增效的里程碑，也将为全国水利工程管理高质量发展提供经典案例。

为科学指导全省水利工程精细化管理有效推进，省水利厅组织编制了《江苏水利工程精细化管理丛书》，包括泵站工程、水闸工程、水库工程、堤防工程等4个分册，以“六大管理”为主线，指明了水利工程管理应该做什么、谁来做、如何做。内容切合实际，具有很强的可操作性、实践性。在水利建设迅猛发展的良好机遇期，该系列丛书的成功付梓，必将成为江苏水利精细化管理实践指南，为江苏水利锤炼精益求精的工程管理队伍，打造江苏水利管理精品奠定理论和实践基础，创造江苏水利工程管理更加辉煌的业绩。

2020年12月

前言

江苏滨江临海，境内分布长江、淮河、太湖和沂沭泗四大水系，地势平坦，平原辽阔，湖泊众多，水网密布，海陆相邻，既是鱼米之乡，又是“洪水走廊”。中华人民共和国成立后，开展了以控制流域洪水泛滥、约束洪水归槽的流域防洪工程建设，以洪涝分开、高低分排为主的区域防洪排涝工程建设，以江水北调、江水东引、引江济太为骨干的供水工程建设，以中低产田改造、灌区建设、平原河网化、圩区改造为重点的农田水利建设，建成了防洪治涝工程、调水配水工程、农村水利工程、河湖管护工作等四大体系。水闸、泵站、水库、堤防星罗棋布、协同配合，构成了水灾害防御、水资源调配、水生态保障的坚实防线。水利工程管理经过长期的探索和发展，经历了从无到有、从低到高，不断完善、持续提高的过程，逐步形成了较为完善的管理体系。特别是近十多年来，一大批水利工程管理单位通过国家级、省级水利工程管理单位考核验收，管理水平全面提升，服务保障能力持续增强，成为江苏省水利工程规范化管理的典范。

在新时代江苏水利全面推进高质量发展和现代化建设的新形势下，省水利厅提出在全省水利工程规范化管理的基础上，推进水利工程精细化管理，探索符合水利现代化要求的精细化管理新模式。为科学指导精细化管理有效推进，促进精细化管理在全省各地落地生根，省水利厅组织江苏省江都水利工程管理处、江苏省洪泽湖管理处等单位编制了《江苏水利工程精细化管理丛书》，共分水闸、泵站、水库、堤防精细化管理等 4 个分册。

《水闸精细化管理》共分七章，分别为概述、管理任务、管理标准、管理制度、管理流程、管理评价、管理平台，阐述了水闸工程精细化管理的思路、方法和重点工作，力求为全省水闸工程管理单位推进精细化管理提供工作指引和业务指导。

由于编者水平有限，本书中难免存在不妥和不足之处，敬请专家和广大读者批评指正。

目录

第一章　概述

第一节 基本情况

一、工程概况

江苏省滨江临海，面积 10.72 万 km^2，地处长江、淮河两大流域下游平原地区，分属长江、太湖、淮河、沂沭泗四大水系，长江横穿东西，京杭大运河纵贯南北，境内地势低洼，众水汇集，河网密布，湖泊众多，水系复杂，承泄上游 200 多万 km^2 的来水，80%以上省域处于设计洪水位以下，素有“洪水走廊”之称。江苏是全国水闸最为集中的地区之一，截至 2019 年年底，全省共有大中型水闸 492 座，其中大型水闸 41 座，中型水闸 451 座，承担分洪、排涝、挡潮、蓄水、引水、调水、灌溉、通航、发电和改善城市水环境等多项综合任务。全省水闸布局可分为沿江排水闸，沿海挡潮闸，流域性河道、湖泊防洪节制闸，淮河流域及河网梯级控制闸，山岗地水库溢洪闸和灌溉涵闸，大中型灌区引水渠首闸和退水闸，里下河、太湖等低洼地区圩口闸等。

江苏水闸特点鲜明，充分体现了平原河网地区综合利用水利工程的特色。例如：孔数多、大流量、低水头的泄洪闸、节制闸；双向水头、频繁启闭的沿江排水闸、沿海挡潮闸；闸站结合、引排结合的沿江水闸和中小型圩口闸；引水、排水、通航、小水电等综合利用功能；水闸数量相对集中分布，如圩口闸、挡潮闸和以水闸为主的水利枢纽。

江苏水闸设计具有创新精神，结合历史条件和水系特点，体现经济性、实用性，设计了多种类型的水闸。结构型式有开敞式、潜孔式、涵洞式和结构复杂的立体交叉工程；启闭方式有卷扬式、螺杆式、液压式、液压卷扬式、移动式和水力自控式；闸门结构型式有弧形门（垂直方向、水平方向、无臂杆）、平面直升门、横拉门、上卧门、下卧门、人字门、三角门、底轴驱动式闸门等。

二、工程管理情况

（一）运行管理体制

根据《江苏省水利工程管理条例》的规定，全省水利工程按照受益和影响范围的大小，实行统一管理和分级管理相结合、专业管理和群众管理相结合的办法进行管理。省水利厅直属管理处共管理130余座流域性水利枢纽工程(其中水闸108座),其他工程由所在地市、县水行政主管部门负责管理,并成立水管单位实施具体管理。自2004年起,各地积极推进水管体制改革,实行"管养分离",积极探索委托管理新模式。

(二) 制度建设

江苏省重视制度建设工作,制定了一套比较完善的省级水利工程管理制度体系和技术标准体系。早在1953年三河闸建成后就制定了《三河闸管理养护办法(草案)》,省治淮总指挥部制定了《淮河下游涵闸养护办法(草案)》《淮河下游地区涵闸(挡潮闸、船闸)管理养护办法(草案)》。1958年,省水利厅制定了《江苏省涵闸水库管理通则(草案)》,1961年又制定了《江苏省涵闸工程管理养护办法(草案)》,全省省管大中型水闸陆续制定了水闸管理规范。

省水利厅主编了水利行业标准《水闸工程管理通则》和《水闸技术管理规程》(SL75—94),同时组织厅属管理处先后2次修订了大中型水闸管理规范,并改名为《水闸工程管理办法》。2004年8月,省水利厅印发了《江苏省水闸技术管理办法》,成为我省水闸工程技术管理的重要依据。

此外,省水利厅先后主编了水利行业标准《水闸安全鉴定规定》(SL214—98)、《水闸安全评价导则》(SL214—2015),地方标准《水利工程观测规程》(DB32/T1713—2011)、《水闸运行规程》(DB32/T1595—2010)、《江苏省沿海挡潮闸防淤减淤运行规程》(DB32/T2198—2012)、《水利工程卷扬式启闭机检修技术规程》(DB32/T2948—2016)、《水闸工程管理规程》(DB32/T3259—2017)、《水闸监控系统检测规范》(DB32/T3623—2019)、《水闸泵站标志标牌规范》(DB32/T3839—2020),以及《江苏省水闸安全鉴定管理办法》等技术管理文件,指导全省水闸工程规范化管理工作。

各工程管理单位按照法律法规、规范性文件和技术标准的要求,结合各工程实际情况制定技术管理实施细则、技术管理制度和相关应急预案,健全各项规章制度,明确各岗位职责,落实技术管理和安全运行各项责任制。水行政管理部门每年组织基层水管单位人员进行宣贯和技术培训,督查各单位严格执行规章制度,加强对工程管理行为的监督检查,全省水利工程管理水平显著提高。

(三) 培训教育

各级水行政主管部门和管理单位重视职工教育和技术培训工作,采取集中培训、外送培训、联合培训、现场培训及日常技术"传、帮、带"相结合等方式,加强对职工的教育和培养。省水利厅联合省人社厅组织了6届水闸运行工技能竞赛,竞赛中取得优秀成绩的选手直接晋升技师或高级技师,为优秀人才的脱颖而出提供了舞台,受到了基层管理单位的普遍欢迎。在全国水工闸门运行工技能竞赛中我厅选手连续两届勇夺冠军。

省水利厅不定期举办有关地方标准宣贯培训和精细化管理、管理考核、工程观测、安全管理和涉河建设项目管理等有关水闸技术管理专题培训班、基层站所长培训班,厅直属管理单位经常举办专题讲座和现场讲学防洪预案与反事故预案演练设备操作与故障排查闸门运行工升级培训等,多渠道、全方位锻炼队伍,不断提高管理人员综合素质,全面提升管理队伍的整体水平和运行管理能力,以适应现代化管理的时代要求。

（四）科技创新

在水闸运行管理中，积极引进与推广应用新技术、新材料、新设备、新工艺，组织开展技术攻关和专题研究，安全控制运用技术不断提升，水闸监测监控自动化、信息化重点推进，新的技术装备不断得到推广和研发，监控监测自动化技术得到普遍应用。

1959 年，三河闸、万福闸率先制定始流时闸下安全水位流量曲线，以控制始流时水闸下泄流量，并根据闸下潮水位上涨情况分次增加下泄流量，水闸控制运用技术在全国推广应用。沿海挡潮闸汛期充分利用泄水冲淤，非汛期根据水源情况在大潮时尽可能带水位差开闸冲淤保港，冲淤减淤技术措施在同类型水闸运用中推广应用。

工程观测技术不断创新，提高了观测资料精度和效率。自 2000 年起，厅属管理单位引进蔡司 DINI12 电子水位仪，观测精度高、使用方便、自动记录，成果规范美观。2004 年引进超声波多普勒河道流量测速仪，过闸流量测量有了质的提升。

混凝土裂缝修补表面封闭法、注射法或压力注浆法，环氧厚浆涂层防碳化，湿喷砂浆、喷射混凝土等增强混凝土强度、耐久性技术在水闸加固中推广应用。三河闸研究的钢结构闸门喷锌、涂料与阴极保护联合防腐技术，有效地防止了钢闸门的锈蚀，并在全国推广应用，荣获 1978 年全国科学大会奖。万福闸研制的浮箱叠梁式检修门获 1994 年江苏省水利科技成果一等奖，自行设计制作的一种水下工程检修的专用设备——自浮式气压沉柜，获得江苏省重大科技进步二等奖，这两项技术在省内外多个水利工程检修加固中广泛应用，创造了显著的技术经济效益。

水闸工程在满足防洪功能的同时，与历史、文化、景观、生态、环境有机融合，相映承祥，赏心悦目，水文化建设加快，一大批具备新颖性和观赏性的水闸工程成为一道亮丽的风景线。

三、规范化管理

（一）推进管理考核

水利工程管理考核是推进水利工程管理规范化、制度化、科学化、法制化、现代化建设，提高水利工程管理水平的一项重要措施。自 1993 年起，省水利厅首先在厅属管理处推行管理考核工作，先后制定了《厅属管理单位经营管理考核办法》和《省属水利工程管理单位"达标管理所"建设考核标准》，从管理单位精神文明建设、工程管理、财务管理、综合经营等四个方面制定了量化考核指标，促进了工程管理规范化和管理单位全面发展。

2003 年，水利部印发《水利工程管理考核办法》及其考核标准，我省全面推行水利工程管理考核，制定了《江苏省水利工程管理考核办法》及其考核标准，并不断修改完善。以创建国家级、省级水管单位为抓手，开展年度水管单位自检与考核、省级水管单位定期复核和不定期飞检抽查，不断整改工程存在的问题与不足，不断完善工程设施、改善环境面貌、规范管理行为、提升人员素质，从而保障水利工程安全完好，充分发挥工程设计效益，提高现代化管理水平。截至 2019 年底，全省省级以上水管单位共 306 家，占全省水管单位总数的 51.2%，其中国家级水管单位 20 家，继续在全国各省领先。在全省有水利工程管理单位的

103个县(区、市、市属)中共有80个县(区、市、市属)已取得省三级以上水管单位称号，覆盖率77.7%。

(二) 加强运行督查

各级水行政主管部门始终把水利工程安全放在首要位置抓实抓好，绷紧工程安全运行这根筋，增强“安全生产一失万无”的忧患意识，强化工程安全运行管理，加强日常检查、隐患排查整治，不断提高水利工程的安全冗余度，坚决遏制安全事故发生，以较为完备和运行良好的水利工程体系为依托，保障防洪安全、供水安全和生态安全。

省水利厅根据全省实际情况和有关规定，制定了《江苏省水利工程运行管理督查办法》，补充完善了督查内容，督查范围扩大到所有水利工程，突出大中型水利工程和流域性河道堤防为督查的重点。编制了《江苏省水利工程运行管理督查工作手册》，印发全省试行，明确了水利工程运行管理的各项标准和要求，进一步规范运行管理的各项工作。除专项督查外，省水利厅还多次组织多种形式的水利工程运行安全检查，对督查发现的问题进行通报。通过督查，查出了工程运行管理的薄弱环节，对管理单位起到督导、辅导的作用，帮助所在地区提高运行管理水平。

(三) 推进精细化管理

为顺应新时期水利工程管理要求，进一步规范管理行为，促进水利工程管理水平提档升级，省水利厅在强化水利工程依法管理、规范管理的基础上，积极推进管理创新，自2015年起，首先在厅属管理处开展水利工程精细化管理试点。2016年，省水利厅印发了《江苏省水利工程精细化管理指导意见》，并组织了精细化管理培训，首先在国家级水管单位和厅属管理处先行先试。自2017年起，试点范围扩大到全省各地。2019年1月，省水利厅印发了《江苏省水利工程精细化管理评价办法》及评价标准，在全省水管单位全面推行精细化管理工作。

第二节　精细化管理

精细化管理是一种管理理念和管理方法，通过规则的系统化和量化，使组织管理各单位精确、高效、协同和持续运行。水利工程精细化管理的本质意义就在于它是一种对管理单位发展规划和目标任务进行分解、细化和落实的过程，是提升工作成效和整体执行能力的一个重要途径。

一、总体思路

推进水利工程精细化管理要基于行业工作性质和特点，根据本单位的实际需求，在现有规范化管理的基础上，借鉴精细化管理的理念和方法，倡导精益求精的工作态度，弘扬追求卓越的“工匠精神”，转变工程管理传统思维模式，把精细化管理作为我省水利工程规范化管理的“升级版”、安全运行的“总开关”。贯彻“精、准、细、严”的核心思想，推行系统化、标准化、流程化、信息化的基本方法，形成全过程、重细节、闭环化、可追溯的管理机制，重点推进

"六大管理"(管理任务、管理标准、管理制度、管理流程、管理评价和管理平台),细化目标任务、明晰工作标准、规范作业流程、健全管理制度、强化考核评价、构建信息平台,探索符合水利现代化要求的精细化管理模式,促进水利工程管理由粗放到规范、由规范向精细、由传统经验型向现代科学型管理转变,构建更加科学高效的工程管理新体系,保证水利工程安全运行,促进水利工程管理水平提档升级。

二、工作目标

在全省各地全面推进精细化管理工作,以国家级、省级水利工程管理单位为重点,立足实际,典型示范,拓展延伸,永续渐进,实现精细化管理全覆盖,促进管理体系不断完善、管理技术不断升级、管理能力不断增强、管理质效不断提升,构建水利工程精细化管理新模式。在全省建成一批精细化管理示范工程,打造水利工程管理"江苏品牌"。

三、工作要点

1. 细化目标任务。根据年度工作计划,细化分解季、月、周工作任务清单,将任务落实到管理岗位、具体人员。

2. 明晰工作标准。制定控制运用、检查观测、维修养护、安全生产等管理行为和设备设施状况、标识标牌、工程环境等方面的工作标准体系。

3. 规范作业流程。规范控制运用、检查观测、维修养护、安全生产、水政监察、档案管理、环境管理等主要工作流程,编制典型工作作业指导书。

4. 健全管理制度。完善管理细则、规章制度、操作规程等制度体系,注重执行效果的监督评估和总结提高。

5. 强化考核评价。建立工作目标管理和个人绩效考核机制,落实奖惩激励措施。开展精细化管理工作评价。

6. 构建信息平台。借助信息技术开发工程管理信息系统,将精细化管理相关要求结合到工程监控和管理信息化应用系统中,促进工程管理精细化落地生根。

四、推进措施

1. 精心组织。各地应根据《江苏省水利工程管理精细化管理指导意见》要求,制定精细化管理实施计划和方案,落实工作责任,加强宣传引导和队伍建设,加大经费保障力度,促进精细化管理工作有序推进。

2. 拓展延伸。管理单位要结合实施情况,加强对精细化管理工作的总结和实际成效的评估,注重学习借鉴其他单位的成功经验和做法。要不断拓展精细化管理内涵,延伸精细化管理范围,逐步实现全覆盖。

3. 永续渐进。把精细化管理的理念、方法长期贯穿于工作之中,形成常态化的工作机制,从易到难、由浅入深,总结完善,持续改进,不断提高精细化管理与业务工作的契合度,以精细化管理助推工程管理现代化。

第二章　管理任务

水闸工程承担着防洪减灾、水资源供给、水生态改善等重要任务，按照现行水利工程管理相关规定，水闸日常管理常规性工作及重点专项工作主要包括控制运用、工程检查、设备评级、工程观测、维修养护、安全生产、制度建设、教育培训、档案资料、水政管理以及标志标牌管理等。管理单位推进精细化管理，首先需要明确细化工作目标任务。工作任务制定的细致程度对执行效果有着密切的关系，要将单项工作或任务按合理的逻辑结构，分解为若干个组成部分，每个部分又可分解成若干个更小的部分，直到不能再分或不必要再分为止。管理单位要制订分解年度工作计划，明确各阶段重点工作任务，对相对固定的工作任务按年、月、周、日等时间段进行细分，形成工作任务清单，明确工作项目、时间节点、主要内容、责任对象，内容应具体详细。

要根据管理职责和工作任务，合理设置管理机构和岗位，并按标准配置人员，一般设管理岗，专业技术岗，工勤技能岗，其中管理岗包括所长、副所长、管理员等，技术岗包括高级工程师、工程师、助理工程师，工勤岗包括闸门运行高级技师、闸门运行技师、闸门运行高级工、闸门运行中级工、闸门运行初级工，人员配备满足管理需要。要将每项工作落实到岗位、到人员。做到事事有人管、人人有事做、责任可追溯。同时，要求每一位责任人都要到位、尽职，工作要日清日结、跟踪检查，发现问题偏差及时纠正、及时处理，确保各项工作任务按计划落实到位。

任务清单划分表如图 2-1 所示。

一、控制运用任务

管理单位接到上级主管部门的调度指令后，结合上下游水位等情况，确定启闭方案，做好设备设施的检查及开闸预警等准备工作，按照闸门操作规程进行启闭，结束后，进行核查、反馈、记录。控制运用任务可分为调度管理、运行操作和运行值班管理，任务清单示例如表 2-1—表 2-3 所示。

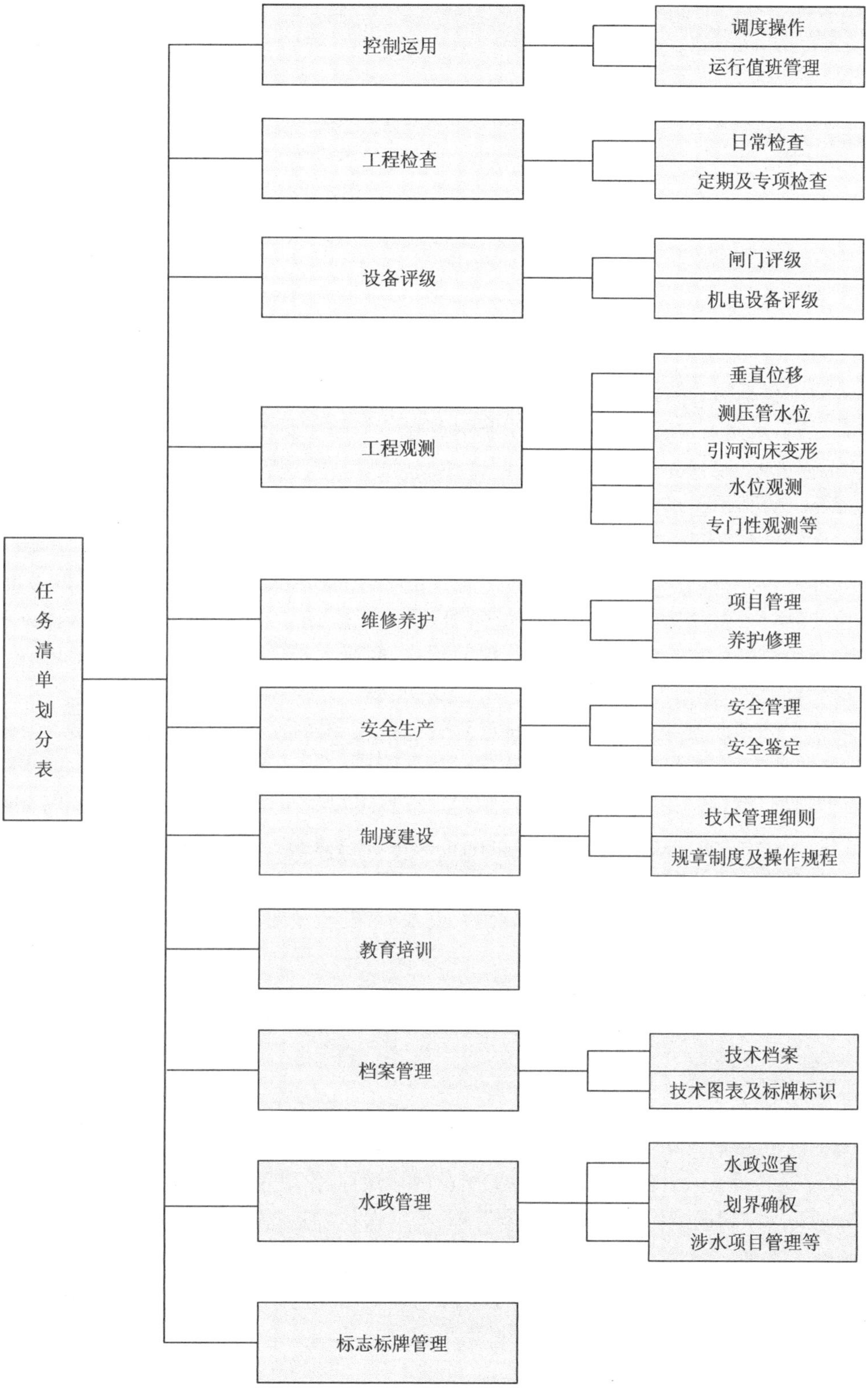
任务清单划分表
控制运用
调度操作
运行值班管理
工程检查
日常检查
定期及专项检查
设备评级
闸门评级
机电设备评级
工程观测
垂直位移
测压管水位
引河河床变形
水位观测
专门性观测等
维修养护
项目管理
养护修理
安全生产
安全管理
安全鉴定
制度建设
技术管理细则
规章制度及操作规程
教育培训
档案管理
技术档案
技术图表及标牌标识
水政管理
水政巡查
划界确权
涉水项目管理等
标志标牌管理

图 2-1　任务清单划分

（一）调度管理

调度管理包括指令接收、确定方案、指令执行、指令回复等。调度管理任务清单示例如表 2-1 所示。

表 2-1　调度管理任务清单

任务名称	分项任务	工作内容	时间	责任岗位
调度管理	指令接收	接收上级主管部门调度指令	按调度指令	单位负责人、技术人员、闸门运行工
	确定方案	根据水闸的类型及上下游水情，制定闸门启闭方案		
	指令执行	执行闸门启闭等指令，填写调度指令执行记录		
	指令回复	执行完毕后，向上级部门回复指令执行情况		

（二）运行操作

运行操作包括运行准备、启闭操作等。运行操作任务清单示例如表 2-2 所示。

表 2-2　运行操作任务清单

任务名称	分项任务	工作内容	时间	责任岗位
运行操作	运行准备	运行人员配置到位	启闭前	单位负责人、技术人员、闸门运行工
		做好上下游管理范围、闸门、启闭机、电气设备、监控系统的检查及开闸预警等准备工作		
	启闭操作	按闸门启闭方案及运行操作规程进行启闭	按启闭方案	技术人员、闸门运行工
		观察电压、电流、上下游水位和流态等	操作过程中	
		核对流量与闸门开度，填写闸门启闭记录，报告闸门调整情况	操作结束	

（三）运行值班

值班管理主要包括人员配备与管理、巡查检查、交接班等。运行值班任务清单示例如表 2-3 所示。

表 2-3　运行值班任务清单

任务名称	分项任务	工作内容	时间	责任岗位
运行值班	人员配备与管理	配备运行值班人员	运行期	单位负责人、闸门运行工
		严格遵守工作纪律		
		保持环境整洁，物品规范摆放		
	巡查检查	按照规定的巡查路线，巡查周期、频次，巡查内容及要求进行巡查，填写巡查记录	每天至少 1 次，超标准运行应增加频次	
		异常情况报告		
	交接班	严格执行交接班制度，做好值班记录	运行期	

二、工程检查任务

工程检查分为日常检查、定期检查、专项检查。

（一）日常检查

1. 日常检查包括日常巡查和经常检查。

2. 日常巡查主要对水闸管理范围内的建筑物、设备、设施、工程环境进行巡视检查。

3. 经常检查主要对建筑物各部位、闸门、启闭机、机电设备、观测设施、通信设施、管理设施及管理范围内的河道、堤防、拦河坝和水流形态等进行检查。

日常检查任务清单示例如表 2-4 所示。

表 2-4　日常检查任务清单

任务名称	分项任务	工作内容	时间及频次	责任岗位
日常检查	日常巡查	巡查建筑物、设备、设施、工程运行状态、管理范围、工程及水环境等总体情况	日常巡查每日不应少于 1 次	值班人员
	经常检查	详细检查建筑物、闸门、启闭机、机电设备、运行工况、观测设施、通信设施、管理设施、管理范围等具体情况	经常检查在工程建成 5 年内，每周检查不应少于 2 次；5 年后可适当减少次数，每周检查不应少于 1 次	技术人员、值班人员

（二）定期检查、专项检查

1. 定期检查分为汛前检查、汛后检查、水下检查、电气试验等。

2. 汛前检查是一项度汛准备的综合性工作，着重检查建筑物、设备和设施的最新状况，以及安全度汛存在的问题及措施。工作任务主要包括成立组织机构、制订工作计划、开展工程检查观测与评级、设备维修养护、落实应急措施、收集整理资料、编制检查报告、开展专项考核和问题整改提高等。

3. 汛后检查着重检查建筑物、设备和设施在度汛后的变化和损坏情况。

4. 水下检查着重检查水下工程的损坏情况。

5. 专项检查主要为发生地震、风暴潮、台风或其他自然灾害、水闸超过设计标准运行或重大工程事故后进行的特别检查。

定期及专项检查任务清单示例如表 2-5 所示，电气试验主要对电气设备及电力安全工具进行预防性试验，详见表 2-6。

表 2-5 定期及专项检查任务清单

任务名称	分项任务	工作内容	时间及频次	责任岗位
定期检查	汛前检查	成立汛前准备工作组，编制计划，落实任务	每年 3 月底前完成	单位负责人、技术负责人、技术人员、闸门运行工
		全面检查机电设备、工程设施的最新状况，开展工程观测、设备评级		
		维修养护工程，完成度汛应急工程		
		修订防汛防旱应急预案、事故应急预案等，预案报上级主管部门审批		
		建立抢险队伍，开展预案演练培训		
		落实防汛物资，储备备品备件		
		修订完善规章制度，收集整理软件资料		
		对汛前检查情况及存在的问题进行总结，提出初步措施，形成报告，并报上级主管部门		
		接受上级汛前专项检查，按要求整改提高，及时向上级主管部门反馈	4 月上旬	
	汛后检查	检查度汛运行后的工程变化，根据检查发现的问题，编制下一年度工程养护维修计划，编报汛后检查报告	10 月底	技术负责人、技术人员
	水下检查	检查水闸底板、门槽、消力池等水下设施，编制水下检查报告	一般在每年汛前进行，超过设计指标运用应及时进行水下检查	技术负责人、技术人员
	电气试验	对安全用具、电气设备、仪表进行检测试验，并出具检测报告，张贴检验标志	见表 2-6“电气设备及电力安全工器具预防性试验”	技术负责人
专项检查	全面检查或重点检查	参照定期检查的内容和要求，特殊检查项目可委托专业单位进行，编报专项检查报告	遇特大洪水、超标准运用、台风、风暴潮、地震或重大工程事故等后进行专项检查	技术负责人、技术人员

表 2-6　电气设备及电力安全工器具预防性试验

序号	试验项目		试验周期
	设备名称	试验内容	
1	电动机、发电机绝缘	定子绕组绝缘电阻测量	1 年
2	热继电器、电动机保护器	保护动作检测	
3	电气设备、电缆桥架、配电房等	接地电阻测量	
4	电气仪表	电气仪表检验	
5	变压器	绝缘电阻吸收比测量	1 年
		绕阻直流电阻测量	1 年
		铁芯(有外引接地线的)绝缘电阻测量	1 年
		交流耐压试验	3 年
		绝缘油试验	1 年
6	避雷器	绝缘电阻测量	1 年
		电气特性试验	1 年
7	过电压保护器	绝缘电阻测量	1 年
		工频放电电压测量	1 年
8	10 kV 母线	绝缘电阻测量	1 年
		交流耐压试验	1 年
9	绝缘杆、绝缘夹钳	工频耐压试验	1 年
	携带型短路接地线	成组直流电阻试验 工频耐压试验	5 年
	绝缘罩	工频耐压试验	1 年
	绝缘隔板	表面工频耐压试验 工频耐压试验	1 年
10	电容型验电器	起动电压试验 工频耐压试验	1 年
11	绝缘手套、绝缘靴、绝缘胶垫	工频耐压试验	半年

三、设备评级任务

结合工程检查，管理单位应定期对闸门、启闭机等进行设备评级，填写评级表，并报上级主管部门审批。工程评级任务清单示例如表 2-7 所示。

表 2-7 工程评级任务清单

任务名称	分项任务	工作内容	时间及频次	责任岗位
设备评级	编制计划	成立评级小组，制定方案	一般每 2 年开展 1 次，设备状况发生变化，及时评级	技术负责人、评级小组成员
	等级评定	对闸门、启闭机、电气设备等逐级进行评级		
	成果认定	管理单位自评后，上报主管单位认定		
	评级总结	对评级工作进行总结		

四、工程观测任务

管理单位应按照观测标准和本工程设计观测要求，结合在工程运用中发现的主要问题，开展观测工作，保持观测工作的系统性和连续性。工程观测任务主要包括观测任务书编报、仪器校验、垂直位移观测、测压管水位观测、引河河床变形观测、专门性观测、资料整编。工程观测任务清单示例如表 2-8 所示。

表 2-8 工程观测任务清单

任务名称	分项任务	工作内容	时间及频次	责任岗位
工程观测	编制观测任务书	明确观测项目、观测时间与测次、观测方法与精度、观测成果要求等，报上级主管部门批准	新建工程移交或工程发生变化时	技术负责人
	仪器校验	对水准仪、全站仪、测深仪等进行校验	每年 1 次	技术人员
	垂直位移	测点高程测量、工作基点考证等，同时进行计算、校核，成果整理及初步分析	按照《观测任务书》中规定的时间	技术人员
	测压管水位	测压管水位观测、测压管灵敏度试验（5 年 1 次）、测压管管口高程考证、成果整理及初步分析		
	引河河床变形	河床变形测量、河床断面桩顶高程考证、成果整理及初步分析		
	专门性观测	伸缩缝测量、混凝土建筑物裂缝测量、土压力观测、成果整理及初步分析		
	水位观测	现场记载，及时整理，对本工程水位相关曲线进行率定	全年	
	资料整编	按时上报观测成果，于年底完成年度观测资料整编、审查，编写观测工作说明及分析报告，分析观测成果的变化规律及趋势，并对工程的控制运用、维修加固提出初步建议	年底	

五、维修养护任务

水闸工程的维修养护内容主要包括混凝土及砌石工程、堤岸及引河工程、闸门、启闭机、电气设备、通信及监控设施、管理设施等。管理单位应根据工程存在的问题，编制维修养护计划，按照项目管理要求和检修技术标准组织实施。维修养护任务分为项目管理、养护维修。项目管理任务清单示例如表 2-9 所示。

表 2-9　项目管理任务清单

任务名称	分项任务	工作内容	时间及频次	责任岗位
项目管理	编报养护计划	根据相关定额编制工程养护维修计划	养护一般按季度开展；维修根据项目批复	单位负责人、技术人员
	实施准备	组织人员实施，或按规定选择施工队伍和物资采购		
	项目实施	对项目实施的进度、质量、安全、经费、档案资料进行管理		
	项目验收	项目完工后，及时组织项目决算、审计及竣工验收		
	项目管理卡	形成项目管理卡		
	绩效评价	开展项目绩效评价报告，接受上级部门审计、评价		

养护维修任务清单示例如表 2-10 所示。

表 2-10　养护修理任务清单

任务名称	分项任务	工作内容	时间及频次	责任岗位
养护	建筑物	对混凝土、砌石、堤岸、引河工程进行养护	根据运行情况确定养护频率，每年全面养护不少于 1 次	技术人员、闸门运行工
	闸门	对闸门门叶、行走支承装置、止水装置、埋件进行养护		
	启闭机	对机架、注油设施、传动装置、制动装置、液压管路、螺杆等进行养护		
	电气设备	对变压器、电动机、操作设备、控制系统、柴油发电机组、蓄电池、输电线路进行养护		
	通信及监控设施	对通信设施、监控系统硬件设施、监控系统软件系统进行养护		技术人员
	管理设施	对控制室、启闭机房、管理区道路、工程标牌、观测设施、照明系统进行清理、养护		单位负责人、技术人员
维修	按项目划分	按批复内容实施	根据批复工期要求	单位负责人、技术人员

六、安全生产任务

安全生产任务分为安全管理、注册登记和安全鉴定。

（一）安全管理

安全管理内容参照安全生产标准化建设的相关要求，管理单位结合管理单位实际情况，明确每个项目的具体内容、实施的时间、实施的频次以及相关的工作要求和成果等。安全管理任务清单示例如表 2-11 所示。

表 2-11　安全管理任务清单

任务名称	分项任务	工作内容	时间及频次	责任岗位
安全管理	目标职责	制定、分解年度安全生产目标	每年初	单位负责人、技术人员
		全员签订安全生产责任状		
		制订安全生产费用使用计划	每年初	
		制订年度安全文化建设计划，并开展安全文化活动	按年度计划	
	制度化管理	识别、获取、发放相关法律法规及其他	一季度	技术人员
	教育培训	制订安全教育培训计划	全年	技术人员
		人员教育培训、相关方及外来人员安全教育		
	现场管理	特种设备按规定进行注册、登记	按规定时间	技术工人
		做好特种设备、电气设备的检验检测		
		配备职业健康保护设施、工具和用品，并规范使用	适时	技术人员
	安全风险管控及隐患排查治理	安全风险辨识与控制	适时（动态）	单位负责人、技术人员
		安全风险评估	3 年 1 次	
		对重大危险源制定安全管理技术措施、应急预案，建立台账并上报	适时（动态）	
		隐患排查、治理，定期上报排查信息	及时	单位负责人、技术人员
		对风险进行分析、预测，及时预警		
	应急管理	发生突发事件时，根据预案要求，启动应急响应程序	及时	单位负责人
		评估应急准备和应急处置	年底或汛前	
	事故查处	发生事故时，及时报告、处置	及时	单位负责人、技术人员
		定期通过信息系统上报“零事故报告”	月底	
	持续改进	全面评价安全标准化信息管理体系运行情况，进行绩效评定	每年 12 月	单位负责人、技术人员
		根据评定结果，进行整改	全年	

说明：安全管理涉及的规章制度、操作规程修订完善，教育培训、工程设施管理，作业行为管理，预案修订、演练，防汛物资储备等分项任务参照相关任务清单

（二）注册登记

管理单位应按规定申请办理水闸的注册登记，因水闸管理单位发生变化或其隶属关系变化，或者安全鉴定、除险加固等情况导致水闸注册登记信息发生变化的，及时申请办理变更事项登记。注册登记任务清单示例如表 2-12 所示。

表 2-12 注册登记任务清单

任务名称	分项任务	工作内容	时间	责任岗位
注册登记	申报	填报申报信息	竣工验收 3 个月内	单位负责人、技术人员
	发证后打印明示	根据工程管理需要打印，在适当场所明示	适时	
	变更	向水闸注册登记机构申请办理变更事项登记	登记信息变化时	

（三）安全鉴定

安全鉴定范围主要包括水工建筑物、闸门、启闭机、电气设备、自动化系统等。管理单位应做好安全鉴定的计划、组织、成果运用等工作。安全鉴定任务清单示例如表 2-13 所示。

表 2-13 安全鉴定任务清单

任务名称	分项任务	工作内容	时间及频次	责任岗位
安全鉴定	编制计划	根据工程现状，编制安全鉴定计划	竣工验收后 5 年内，以后每隔 10 年应进行一次全面的安全鉴定；对影响水闸安全运行的单项工程及达到折旧年限的单项工程，应及时进行安全鉴定	单位负责人、技术人员
	现状调查	收集工程技术资料，开展现场检查，编写现状调查分析报告		
	安全检测	委托有资质的检测单位开展专项检测，编制安全检测报告		
	安全复核	委托有资质的设计单位进行安全复核计算分析，编制安全复核报告		
	安全评价	委托有资质的设计单位进行安全评价，编制安全评价报告		
	成果审定	报送上级主管部门审查，填写安全鉴定报告书		
	成果运用	根据鉴定结论，开展除险加固、工程维修等		

七、制度管理任务

管理单位应结合工程实际，建立并及时修订水闸工程管理细则、规章制度和操作规程等，主要包括岗位职责、教育培训、控制运用、检查观测、养护维修、安全生产、防汛管理、水政管理、档案管理等。制度管理任务清单示例如表 2-14 所示。

表 2-14 制度管理任务清单

任务名称	分项任务	工作内容	时间	责任岗位
技术管理细则	编制细则	根据设计文件及相关管理规定，编制技术管理细则	工程接管后	单位负责人、技术人员
	审批印发	报上级主管部门审批、印发	编制完成后	
	修订完善	工程管理条件变化、设备更新改造后，及时组织修订完善、报批	管理条件发生变化后	
规章制度	制订计划	制订修改完善计划，明确修订项目、内容及节点时间	每年年初	单位负责人、技术人员
	修订完善	根据制度执行评价情况和管理条件变化情况，对有关制度进行修订完善	一般在汛前完成	
	执行与评估	严格执行各项规章制度，形成过程资料，每年底根据执行情况，对效果进行评估，形成总结	全年	
操作规程	引用或编制	根据运行条件及设备操作说明编制操作规程	汛前或设备更新时	技术人员、闸门运行工
	执行修订	严格执行操作规程，工程管理条件变化、设备更新改造后，及时组织修订完善	条件变化	

八、教育培训任务

管理单位应制订年度教育培训计划，开展在岗人员专业技术和业务技能的学习与培训，每年对教育培训效果进行评估和总结，建立教育培训台账。教育培训任务清单示例如表 2-15 所示。

表 2-15 教育培训工作任务清单

任务名称	分项任务	工作内容	时间及频次	责任岗位
教育培训	制订计划	制订并上报培训计划	1 月	单位负责人
	开展教育培训	开展新员工岗位、法律法规、安全生产、规章制度、操作规程、专业技能、新技术、新知识等培训	按计划	技术负责人、闸门运行工
	培训效果评估	对培训效果进行评估、总结，形成培训台账资料	培训后	技术人员

九、档案管理任务

管理单位应建立技术档案管理制度，按照有关规定建立完整的技术档案，及时整理归档各类技术资料，档案设施齐全、清洁、完好，积极开展星级档案管理测评工作。技术档案管理任务分为档案收集整理，档案归档，档案保管、借阅、销毁，档案室设施管理等。档案管理任务清单示例如表 2-16 所示。

表 2-16　档案管理任务清单

任务名称	分项任务	工作内容	时间及频次	责任岗位
档案管理	档案收集、整理	工程运行管理、维修养护、检查观测、技术图表等资料，音像资料同步收集、整理	同期收集、整理	技术人员
	档案归档	对当年的工程技术资料档案进行收集、整理、分类、装订编号、归档、保存	年底	
	档案保管、借阅、销毁、移送	按照档案管理制度要求进行	适时	
	设施管理	档案库房配备防盗、防光、防潮等设施，配备温湿度计和空调，做好库房内温湿度和借阅等记录	全年	
	电子化档案	电子化档案录入及管理	全年	

十、水政管理任务

管理单位应根据国家法律法规、技术标准，开展水法规宣传，划定水闸工程管理范围、保护范围和安全警戒区，对水闸管理范围内的水事活动进行监督检查，依法对涉水建设项目进行监督管理，维护正常的工程管理秩序。水政管理任务清单示例如表 2-17 所示。

表 2-17　水政管理任务清单

任务名称	分项任务	工作内容	时间	责任岗位
水政管理	水法规宣传	水法规宣传，编制水法规宣传年度计划及工作总结	全年	单位负责人、水政监察员
	划界确权	对管理范围进行划界确权，领取土地使用证，设置明显界桩	竣工验收前	单位负责人
	管理范围巡查	确定路线、频次、内容，开展水政日常巡查，形成巡查记录、统计报表以及桩（牌）、安全警示牌等检查维护记录	全年	水政监察员
	涉水建设项目监管	做好涉水建设项目的监督与管理工作，填写建设项目监管相关报表	项目实施阶段	单位负责人、水政监察员
	违法行为处理	查处违法行为，形成处罚告知书、处罚决定书等资料	发生违法行为后	

十一、标志标牌管理任务

标志标牌包括技术图表、设备管理、安全警示、管理范围、宣传公告等。管理单位应建立标志标牌管理体系，按照《水闸泵站标志标牌规范》进行设计、制作、设置。标志标牌管理任务主要包括编制设置方案、制作安装、定期检查维护等。标志标牌管理任务清单示例如表2-18所示。

表2-18 标志标牌管理任务清单

任务名称	分项任务	工作内容	时间	责任岗位
标志标牌管理	编制设置方案	确定标志标牌标识内容、样式、数量、设置位置等	全年	技术人员
	制作安装	根据设置方案制作,安装在预定位置		
	维护更新	定期检查维护		

第三章　管理标准

标准是对重复性事物和概念所作的统一规定，是指导和衡量水闸工程管理的标尺，是保证管理目标任务执行到位的前提，建立完善的水利工程管理标准体系是实行精细化管理的必要条件，是克服管理随意性、粗放式、无序化的有效手段。

水闸工程管理标准要符合相关行业标准和管理规定，体现工程的特点，既要有衡量工程状态、管理结果的标准，也要有规范管理行为、管理过程的标准，要针对控制运用、工程检查、工程观测、维修养护、设备评级、安全生产、制度建设、档案资料、水政管理等工作，形成系统、统一、细化、量化的标准体系，以标准指导管理，以标准衡量管理，以标准规范管理，以标准化体现管理的严和细。同时，要根据管理条件变化及时进行修订完善，实现持续改进的目标。

一、控制运用标准

管理单位应根据水闸规划设计要求和本地区防汛防旱调度方案制定控制运用方案，需按计划供水的水闸，应按年度或分阶段制订用水计划，报上级主管部门批准后执行。水闸控制运用应统筹兼顾兴利与除害、经济效益与社会效益及生态环境效益，综合考虑相关行业、部门的要求，与上游、下游和相邻有关工程密切配合运用。水闸如需超标准运用，应进行分析论证，提出可行的运用方案和应急措施，报经上级主管部门批准后执行。控制运用工作主要包括调度管理、运行操作、运行值班等。

（一）调度管理标准

调度管理标准示例如表 3-1 所示。

表 3-1 调度管理标准

序号	标准内容	
1	指令接受	水闸控制运用应按上级主管部门的调度指令、用水计划或批准的控制运用方案进行，不得接受其他任何单位和个人的指令
2	指令执行	管理单位接到上级主管部门的调度指令后，根据指令内容、工程运用曲线，结合当时上下游水位情况，确定启闭方案，由单位负责人将启闭方案指令下达给运行人员

续表

序号	标准内容	
3	不同类型水闸调度	节制闸应根据上级指令，适时调节上游水位和下泄流量；出现洪水时及时泄洪
4		排水闸根据上级指令有暴雨天气预报时，适时预降内河水位；汛期充分利用外河水位回落时机排水；双向运用的排水闸，适时引水
5		引水闸在闸上最高水位因河床淤积抬高，超过规定运用指标时，应停止使用，并采取必要的安全应急措施
6		挡潮闸应在落平潮时开闸排水；在涨平潮前关闸；沿海挡潮闸在任何情况下均应防止海水倒灌；根据各个季节供水与排水的不同要求，控制适宜的内河水位，汛期有暴雨预报时，适时预降内河水位；汛期充分利用泄水冲淤；非汛期有冲淤水源时，宜在大潮期落潮时冲淤
7		分洪闸应在接到分洪预备通知后，立即做好开闸前的准备工作；接到分洪指令后，按时开闸分洪，开闸前鸣笛报警或以其他方式通知上下游人员及船只撤离；分洪初期，严密监视消能防冲设施的安全；分洪过程中，加强巡视检查和观测，监视工情、水情变化情况，根据指令及时调整水闸泄量
8	指令回复	指令应详细记录、复核，执行完毕后及时上报

（二）运行操作标准

运行操作标准示例如表 3-2 所示。

表 3-2　运行操作标准

序号	标准内容	
1	运行准备	接到启闭指令后，值班人员应及时就位
2		检查上游、下游管理范围和安全警戒区内有无船只、漂浮物或其他影响闸门启闭或危及闸门、建筑物安全的施工作业，并进行妥善处理
3		检查闸门启、闭状态，有无卡阻、淤积；检查启闭设备、监控系统及供电设备是否符合运行要求；观察上下游水位和流态，核查当前流量与闸门开度
4		通过警报或扩音器提前做好开闸预警工作
5	启闭操作	应由持有上岗证的闸门运行工或熟练掌握操作技能的技术人员按规程进行操作
6		过闸流量应与上下游水位相适应，使水跃发生在消力池内；当初始开闸或较大幅度增加流量时，应分次开启，每次泄放的最大流量、闸门开启高度应分别根据“始流时闸下安全水位-流量关系曲线”“闸门开高-水位-流量关系曲线”确定；应在闸下水位稳定后才能再次增加开启高度
7		过闸水流应平稳，避免发生集中水流、折冲水流、回流、漩涡等不良流态；关闸或减少过闸流量时，应避免下游河道水位下降过快
8		多孔水闸宜同时均匀启闭，不能同时启闭的应由中间孔向两侧依次对称开启，由两侧向中间孔依次对称关闭；闸门启闭过程中，应避免停留在易发生振动的位置
9		闸门开启后，应观察上下游水位和流态，核对流量与闸门开度
10		闸门运用应填写启闭记录，记录内容包括：启闭依据、操作时间、操作人员、启闭顺序、闸门开度及历时、启闭机运行状态、上下游水位、流量、流态、异常或事故处理情况等

（三）运行值班标准

运行值班标准示例如表 3-3 所示。

表 3-3 运行值班标准

序号	标准内容	
1	人员配备与管理	运行值班人员数量和质量应满足规范要求，值班人员应熟练掌握设备操作规程和程序，具有事故应急处理能力及一般故障的排查能力
2		值班人员应严格遵守工作纪律，不得擅自离开工作岗位
3		运行值班人员应着劳动防护服，保持仪表整洁，认真值班，精心操作，不得做与值班无关的事，不负责接待参观，不得将非运行人员带入值班现场
4	巡查检查	汛期及运行期实行 24 小时值班，密切注意水情，及时掌握水文、气象、洪水、旱情预报，严格执行调度指令，做好工程运行管理工作
5		加强对工程设施检查观测和运行情况巡视检查，随时掌握工程状况，发现问题及时上报并落实处理措施
6	交接班	水闸运行需要交接班的，在交班前 30 分钟，由当班人员按交班内容要求做好交班准备，接班人员提前 15 分钟进入现场进行交接班
7		运行值班人员应认真填写运行、交接班等记录。交接时应重点将本班设备操作情况、发生的故障及处理情况讲清

二、工程检查标准

工程检查包括日常检查、定期检查和专项检查等。水闸检查应按相关规定开展，并填写记录，及时整理检查资料，汛前、汛后检查报告应分别于 4 月上旬、10 月下旬报上级主管部门。

（一）日常检查标准

日常检查包括日常巡查、经常检查。日常检查标准示例如表 3-4 所示。

表 3-4 日常检查标准

序号	标准内容	
1	日常巡查	日常巡查一般每日 1 次，在高水位、大流量运行时应增加巡查频次。日常巡查可结合经常检查进行
2		主要检查建筑物、设备、设施是否完好；工程运行状态是否正常；是否有影响水闸安全运行的障碍物；管理范围内有无违章建筑和危害工程安全的活动；工程环境是否整洁；水体是否受到污染
3	经常检查	工程建成 5 年内，每周检查不少于 2 次；5 年后每周检查不少于 1 次
4		汛期或开闸运行时，每天应至少检查 1 次，超设计标准运行时应增加检查频次
5		当水闸处于泄水运行状态或遭受不利因素影响时，对容易发生问题的部位应加强检查观察

续表

序号	标准内容	
6	经常检查	详细检查闸室混凝土有无损坏和裂缝；堤防、护坡是否完好；翼墙有无损坏、倾斜和裂缝；启闭机有无渗油，钢丝绳排列是否正常；闸门有无振动；电气设备运行状况是否正常；观测设施、管理设施是否完好；通信设施运行状况是否正常；管理范围内有无违章建筑和危害工程安全的活动；工程环境是否整洁；水体是否受到污染等
7	问题处理	检查时应填写检查记录，遇有违章建筑和危害工程安全的活动应及时制止；工程运用出现异常情况，应及时采取措施进行处理，并及时上报

（二）定期检查标准

定期检查主要包括汛前检查、汛后检查、水下检查、电气试验。定期检查标准示例如表3-5所示。

表3-5　定期检查标准

序号	标准内容	
1	汛前检查	管理单位应成立度汛准备工作小组，制订度汛准备工作计划，明确具体的任务内容、时间要求，落实到具体部门、具体人员
2		对闸门、启闭机、电气设备、自动化系统、土石方及混凝土工程等进行全面检查
3		汛前检查可结合汛前保养工作同时进行，同时着重检查维修项目和度汛应急项目完成情况
4		对汛前检查中发现的问题应及时进行处理，对影响工程安全度汛而一时又无法在汛前解决的问题，应制定好应急抢险方案
5		全面修订防汛抗旱应急预案、反事故预案、现场应急处置预案，同时建立完善抢险队伍，有针对性地开展预案演练培训
6		完成规章制度修订完善和软件资料收集整理，检查增补防汛物资、备品备件等
7		对汛前检查情况及存在问题进行总结，提出初步处理措施，形成报告，并报上级主管部门
8		接受上级汛前专项检查，按要求整改提高，及时向上级主管部门反馈
9	汛后检查	着重检查工程和设备度汛后的变化和损坏情况，一般在10月底前完成
10		按期完成批准的维修养护、水毁或防汛急办项目计划
11		对检查中发现的问题应及时组织人员修复或作为下一年度的维修项目上报
12	水下检查	一般2年进行1次检查，如发生大流量引排水等特殊情况，应增加检查次数，主要检查闸室底板、铺盖、消力池、伸缩缝等的完好情况
13	电气试验	管理单位应定期对电气设备、安全用具等进行预防性试验，涉及特种设备检测和防雷接地专项检测的，应由具备资质的检测单位进行检测，出具检测报告
14	成果资料	管理单位检查应规范填写定期检查记录，及时整理检查资料，编写汛前、汛后检查报告并按规定上报

（三）专项检查标准

专项检查标准示例如表 3-6 所示。

表 3-6　专项检查标准

序号	标准内容	
1	检查条件	当遭受地震、风暴潮、台风或其他自然灾害，水闸超标准运用，或发生重大工程事故时，应及时组织对工程进行专项检查
2	检查内容	专项检查内容应根据所遭受灾害或事故的特点来确定，着重检查建筑物、设备和设施的变化和损坏情况
3	检查内容	专项检查应对重点部位进行专门检查、检测或安全鉴定
4	问题处理	对检查发现的问题应进行分析，制定修复方案和计划并上报
5	成果资料	专项检查记录及报告可参照定期检查

三、设备评级标准

管理单位应定期对闸门、启闭机等进行设备评级，设备评级按《水利水电工程闸门及启闭机、升船机设备管理等级评定标准》(SL 240)及有关标准执行。

设备评级标准示例如表 3-7 所示。

表 3-7　设备评级标准

序号	标准内容	
1	评级时间	设备评级周期一般为 2 年，可结合定期检查进行
2	评级时间	设备大修时，应结合大修进行全面评级；非大修年份应结合设备运行状况和维护保养情况进行相应的评级
3	评级时间	设备更新后，应及时进行评级
4	评级时间	设备发生重大故障、事故经修理投入运行的次年应进行评级
5	评级时间	投入运行不满 3 年或正在进行更新改造的工程，不进行设备评级
6	单元划分	评级工作按照评级单元、单项设备、单位工程逐级评定
7	问题处理	单项设备被评为三类设备的应及时整改；单位工程被评为三类单位工程的，应向上级主管部门申请安全鉴定，并落实处置措施
8	成果认定	管理单位应编制评级报告，形成评级成果报上级主管部门认定

四、工程观测标准

管理单位应按照《水利工程观测规程》DB 32/T 1713 要求，监测水闸工程运行和安全状况，掌握工程状态变化，及时发现异常现象，分析原因，为采取处置措施提供依据。工程观测标准示例如表 3-8 所示。

表 3-8 工程观测标准

序号	标准内容	
1	观测任务及组织实施	管理单位应按照规范要求，结合本工程设计观测要求和工程运用中发现的主要问题，编制观测任务书，报上级主管部门批准
2		保持观测工作的系统性和连续性，按照规定的项目、测次和时间在现场进行观测。应做到随观测、随记录、随计算、随校核、无缺测、无漏测、无不符合精度、无违时，测次固定和时间固定，人员和设备宜固定。委托外单位测量的，其资质应满足相关要求
3	垂直位移	大型水闸垂直位移观测应符合二等测量要求，中型水闸垂直位移观测应符合三等测量要求
4		工程完工后 5 年内，应每季观测 1 次；以后每年汛前、汛后各观测 1 次。经资料分析工程垂直位移趋于稳定的可改为每年观测 1 次，但大型水闸应每年汛前、汛后各观测 1 次
5	扬压力	新建工程投入使用后，每月观测 15～30 次；运用 3 个月后，每月观测 4～6 次；运用 5 年以上，且工程垂直位移和地基渗透压力分布均无异常情况下，每月观测 2～3 次
6		当上下游水位差接近设计值、超标准运用或遇有影响工程安全的灾害时，应随时增加测次
7		位于感潮河段的水闸在大潮期连续观测 38 h，每隔 1 h 观测 1 次。在潮位接近峰、谷时，观测时间间隔不应大于 15 min。新建工程投入使用后，每月观测 1 次。当找出管内水位与上下游水位关系后，每年至少观测 2 次
8		测压管管口高程按四等水准测量的要求每年校测 1 次。测压管灵敏度检查可 3～5 年进行 1 次
9	河道断面	在工程竣工后 5 年内，每年汛前、汛后各观测 1 次，以后可在汛前或汛后观测 1 次；遇工程接近设计流量运用、冲刷或淤积严重且未处理等情况，应增加测次
10		大断面每 5 年观测 1 次，地形发生显著变化后应及时观测
11		断面桩桩顶高程每 5 年考证 1 次，按四等水准测量的要求进行观测，如发现断面桩缺损，应及时补设并进行观测
12	施工期观测	工程施工期间的观测工作由施工单位负责，在交付管理单位管理后，由管理单位进行，双方应做好交接工作
13	资料整理与汇编	每次观测结束后，应及时对记录资料进行计算和整理，并对观测成果进行初步分析，如发现观测精度不符合要求，应重测；如发现数据异常，应立即进行复测并分析原因。大型水闸每年 6 月底和 12 月底向省水利厅报送相关测量成果
14		管理单位应在年底前完成本年度的资料整编工作，编写观测分析报告并报上级主管部门审查

五、养护维修标准

水闸工程的养护维修应坚持"经常养护、及时维修、养修并重",对检查发现的缺陷和问题,应随时进行养护维修。水闸工程的养护一般可结合汛前、汛后检查定期进行。设备清洁、润滑、调整等应视使用情况经常进行。水闸工程养护维修应以恢复原设计标准或局部改善工程原有结构为原则,根据检查和观测成果,结合工程特点、运用条件、技术水平、设备材料和经费承受能力等因素制定维修方案。养护维修主要包括项目管理、混凝土及砌石工程养护维修、堤岸及引河工程养护维修、闸门养护维修、启闭机养护维修、电气设备养护维修、通信及监控设施养护维修、管理设施养护维修。本标准主要参考《水利水电工程启闭机制造、安装及验收规范》(SL 381)、《水工金属结构防腐蚀规范》(SL 105)、《水闸施工规范》(SL 27)、《水闸工程管理规程》(DB 32)等制定。

(一)项目管理标准

项目管理标准如表 3-9 所示。

表 3-9 项目管理标准

序号	标准内容	
1	计划编报	工程养护维修计划应根据相关定额进行编制,每年 10 月底前编制完成养护维修计划并上报
2		工程养护维修计划经批准后,应及时组织实施,凡影响安全度汛的项目应在汛前完成。需跨年度实施的项目,应上报批准
3	实施准备	工程养护维修项目实行项目负责人制度,根据批准的计划,认真编制施工方案
4		应按照招投标或集中采购的有关规定,选择具有施工资质和能力的维修施工队伍,并加强项目管理
5	项目实施	项目实施过程中应随时跟踪项目进展,建立施工管理日志,用文字及图像记录工程施工过程发生的事件和形成的各种数据
6		如实反映主要材料、机械、用工及经费等的使用情况,做到专款专用,并及时填写项目实施情况记录表
7		汛期或工程运行期间实施的项目应向上级防汛主管部门备案
8	项目验收	维修项目验收,视具体情况,分材料及设备验收、工序验收、隐蔽工程验收、阶段验收;项目完工后进行项目竣工验收。由几个分项目组成的维修项目除项目竣工验收外,还应按分项目分别进行单项验收
9		材料及设备验收应具有材料各项检验资料、设备合格证、产品说明及图纸等随机资料
10		各工序、工程隐蔽部分阶段验收,应在该工序或隐蔽部分施工结束时进行。分部验收应具备相应的施工资料,包括质量检验数据、施工记载、图纸、试验资料、照片等资料

续表

序号	标准内容	
11	项目验收	分项单项验收时应具备相应的维修实施情况记录、质量检查验收记录、施工过程照片;材料设备、工序、工程隐蔽部分或阶段验收资料,以及试运行的资料
12		工程竣工应具备相应的技术资料、竣工总结及图纸、照片、项目决算及内部审计报告等资料
13	项目管理卡	工程养护维修项目实行项目管理卡制度,分别建立工程养护、维修项目管理卡
14	绩效评价	对预算到位情况、数量指标、质量指标、时效指标、成本指标、经济效益指标、社会效益指标、生态效益指标、服务对象满意指标等进行自评价,填写绩效目标自评表

(二) 混凝土及砌石工程养护维修标准

混凝土及砌石工程养护维修主要包括混凝土及砌石工程养护、混凝土工程维修、砌石工程维修。

1. 混凝土及砌石工程养护标准

混凝土及砌石工程养护标准如表 3-10 所示。

表 3-10　混凝土及砌石工程养护标准

序号	标准内容	
1	闸身	应经常清理建筑物表面,保持清洁整齐,积水、积雪应及时排除;门槽、闸墩等处如有散落物、杂草或杂物、苔藓、蚧贝、污垢等应予清除。闸门槽、底坎等部位淤积的砂石、杂物应及时清除
2		底板、消力池、门库范围内的石块和淤积物应定期清除
3		应及时打捞、清理闸前积存的漂浮物
4		应及时修复建筑物局部破损
5	岸墙、翼墙、挡土墙	岸墙、翼墙和挡土墙上的排水孔以及空箱岸(翼)墙的进水孔、排水孔、通气孔等均应保持畅通。空箱岸(翼)墙内淤积应适时清除
6		排水沟杂物应及时清理,保持排水畅通
7	交通桥	公路桥、工作桥和工作便桥桥面应定期清扫,保持桥面排水孔泄水畅通
8	反滤排水	反滤设施、减压井、导渗沟及消力池、护坦上的排水井(沟、孔)或翼墙、护坡上的排水管应保持畅通,如有堵塞、损坏,应予疏通、修复;反滤层淤塞或失效应重新补设排水井(沟、孔、管)
9	防冻措施	冰冻期间应采取防冻措施,防止建筑物及闸门受冰压力作用以及冰块的撞击而损坏;雨雪后应立即清除建筑物表面及其机械设备上的积雪、积水,防止冻结、冻坏建筑物和设备

2. 混凝土及砌石工程维修标准

混凝土及砌石工程维修标准如表 3-11 所示。

表 3-11 混凝土及砌石工程维修标准

序号	标准内容	
1	混凝土工程	水闸的混凝土结构严重受损，影响安全运用时，应拆除并修复损坏部分。在修复消力池底板、护坦等工程部位混凝土结构时，重新敷设垫层（或反滤层）；在修复翼墙部位混凝土结构时，重新做好墙后回填、排水及其反滤体
2		混凝土结构承载力不足的，可采用增加断面、改变连接方式、粘贴钢板或碳纤维布等方法补强、加固
3		混凝土裂缝处理，应考虑裂缝所处的部位及环境，按裂缝深度、宽度及结构的工作性能，选择相应的修补材料和施工工艺，在低温季节裂缝开度较大时进行修补。渗（漏）水的裂缝，应先堵漏，再修补
4		混凝土渗水处理，可按混凝土缺陷性状和渗水量，采取相应的处理方法：混凝土淘空、蜂窝等形成的漏水通道，当水压力＜0.1 MPa 时，可采用快速止水砂浆堵漏处理；当水压力≥0.1 MPa 时，可采用灌浆处理；混凝土抗渗性能低，出现大面积渗水时，可在迎水面喷涂防渗材料或浇筑混凝土防渗面板进行处理；混凝土内部不密实或网状深层裂缝造成的散渗，可采用灌浆处理；混凝土渗水处理，也可采用经过技术论证的其他新材料、新工艺和新技术
5		修补混凝土冻融剥蚀，应先凿除损伤的混凝土，再回填满足抗冻要求的混凝土（砂浆）或聚合物混凝土（砂浆）。混凝土（砂浆）的抗冻等级、材料性能及配比，应符合国家现行有关技术标准的规定
6		钢筋锈蚀引起的混凝土损害，应先凿除已破损的混凝土，处理锈蚀的钢筋，损害面积较小时，可回填高抗渗等级的混凝土（砂浆），并用防碳化、防氯离子和耐其他介质腐蚀的涂料保护，也可直接回填聚合物混凝土（砂浆）；损害面积较大、施工作业面许可时，可采用喷射混凝土（砂浆），并用涂料封闭保护；回填各种混凝土（砂浆）前，应在基面上涂刷与修补材料相适应的基液或界面粘结剂；修补被氯离子侵蚀的混凝土时，应添加钢筋阻锈剂
7		混凝土空蚀修复，应首先清除造成空蚀的条件（如体形不当、不平整度超标及闸门运用不合理等），然后对空蚀部位采用高抗空蚀材料进行修补，如高强硅粉钢纤维混凝土（砂浆）、聚合物水泥混凝土（砂浆）等，对水下部位的空蚀，也可采用树脂混凝土（砂浆）进行修补
8		位于水下的闸底板、闸墩、岸墙、翼墙、铺盖、护坦、消力池等部位，如发生表层剥落、冲坑、裂缝、止水设施损坏，应根据水深、部位、面积大小、危害程度等不同情况，选用钢围水、气压沉柜等设施进行修补，或由潜水人员采用特种混凝土进行水下修补
9		混凝土建筑物修补施工技术要求参考 SL 75 及相关规范
10	砌石工程	底部淘空、垫层散失等现象时，应参照《水闸施工规范》（SL 27）中有关规定按原状修复。施工时应做好相邻区域的垫层、反滤、排水等设施
11		浆砌石工程墙身渗漏严重的，可采用灌浆、迎水面喷射混凝土（砂浆）或浇筑混凝土防渗墙、墙后导渗等措施。浆砌石墙基出现冒水冒沙现象，应立即采用墙后降低地下水位和墙前增设反滤设施等办法处理
12		水闸的防冲设施（防冲槽、海漫等）遭受冲刷破坏时，一般可加筑消能设施或抛石笼、柳石枕和抛石等方法处理

（三）堤岸及引河工程养护维修标准

堤岸及引河工程养护维修主要包括堤岸及引河工程养护、堤岸工程维修、引河工程维修。

1. 堤岸及引河工程养护标准

堤岸及引河工程养护标准如表 3-12 所示。

表 3-12　堤岸及引河工程养护标准

序号	标准内容	
1	堤岸工程	堤(坝)及堤顶道路应经常清理，对植被进行养护，对排水设施进行疏通
2	堤岸工程	堤(坝)遭受白蚁、害兽危害时，应采用毒杀、诱杀、捕杀等方法防治；蚁穴、兽洞可采用灌浆或开挖回填等方法处理
3	引河工程	应保持河面清洁，经常清理河面漂浮物

2. 堤岸及引河工程维修标准

堤岸及引河工程维修标准如表 3-13 所示。

表 3-13　堤岸及引河工程维修标准

序号	标准内容	
1	堤岸工程	堤(坝)出现雨淋沟、浪窝、塌陷和岸、翼墙后填土区发生跌塘、沉陷时，应随时修补夯实
2	堤岸工程	堤(坝)发生管涌、流土现象时，应按照“上截、下排”原则及时进行处理
3	堤岸工程	堤(坝)发生裂缝时，应针对裂缝特征处理，干缩裂缝、冰冻裂缝和深度≤0.5m，宽度≤5mm 的纵向裂缝，一般可采取封闭缝口处理；表层裂缝，可采用开挖回填处理；非滑动性的内部深层裂缝，宜采用灌浆处理；当裂缝出现滑动迹象时，则严禁灌浆
4	堤岸工程	堤(坝)出现滑坡迹象时，应针对产生原因按“上部减载、下部压重”和“迎水坡防渗，背水坡导渗”等原则进行处理
5	堤岸工程	泥结碎石堤顶路面面层大面积破损应翻修面层；对垫层、基层均损坏的泥结碎石路面应全面翻修；沥青路面或混凝土路面大面积破损应全面翻修(包括垫层)
6	引河工程	河床冲刷坑危及防冲槽或河坡稳定时，应立即抢护，一般可采用抛石或沉排等方法处理，不影响工程安全的冲刷坑，可不作处理
7	引河工程	河床淤积影响工程效益时，应及时采用人工开挖、机械疏浚或利用泄水结合机具松土冲淤等方法清除

（四）闸门养护维修标准

闸门养护维修主要包括闸门养护、闸门维修。

1. 闸门养护标准

闸门养护标准如表 3-14 所示。

表 3-14 闸门养护标准

序号	标准内容	
1	门叶	及时清理面板、梁系及支臂附着的水生物、泥砂和漂浮物等杂物，梁格、臂杆内无积水，保持清洁
2		及时紧固配齐松动或缺失的构件连接螺栓
3		闸门运行中发生振动时，应查找原因，采取措施消除或减轻
4	行走支承装置	定期清理行走支承装置，保持清洁
5		保持运转部位的加油设施完好、畅通，并定期加油。闸门滚轮、弧形门支铰等难以加油部位，应采取适当方法进行润滑，一般可采用高压油泵（枪）定期加油
6		及时拆卸清洗滚轮或支铰轴堵塞的油孔、油槽，并注油
7	吊耳及锁定装置	定期清理吊耳、吊杆及锁定装置
8		吊耳、吊杆及锁定装置的部件变形时，可矫正，但不应出现裂纹、开焊
9	止水装置	止水橡皮磨损、变形的，应及时调整达到要求的预压量
10		止水橡皮断裂的，可黏接修复
11		对止水橡皮的非摩擦面，可涂防老化涂料
12		冬季应将水润滑管路排空，防止冻坏
13	埋件	定期清理门槽，保持清洁
14		闸门的预埋件应有暴露部位非滑动面的保护措施，保持与基体联结牢固、表面平整、定期冲洗。主轨的工作面应光滑平整并在同一垂直平面，其垂直平面度误差应符合设计规定
15	检修闸门	放置应整齐有序，并进行防腐保护，如局部破损或止水损坏，应进行维修
16	防腐	钢闸门使用过程中，应对表面涂膜（包括金属涂层表面封闭涂层）进行定期检查，发现局部锈斑、针状锈迹时，应及时补涂涂料

2. 闸门维修标准

闸门维修标准如表 3-15 所示。

表 3-15 闸门维修标准

序号	标准内容	
1	门叶	闸门构件强度、刚度或蚀余厚度不足时应按设计要求补强或更换
2		闸门构件变形时应矫正或更换
3		门叶的一、二类焊缝开裂处理应先探查深度和范围，及时补焊或补强
4		门叶连接螺栓孔轻度腐蚀可扩孔，配相应的螺栓
5		闸门防冰冻构件损坏应修理或更换

续表

序号	标准内容	
6	行走支承装置	压合胶木滑道损伤或滑动面磨损严重时应更换
7		滑块严重磨损时应更换
8		主轨道变形、断裂、磨损严重时应更换
9		轴和轴套出现裂纹、压陷、变形、磨损严重、轮轴与轴套间隙超过允许公差时应更换
10		轴销磨损、腐蚀量超过设计标准时应修补或更换
11		滚轮踏面磨损的可补焊，并达到设计圆度；滚轮、滑块夹槽、支铰发生裂纹的，应更换，确认不影响安全时可补焊，滚轮磨损严重或锈死不转时应更换
12	吊耳及锁定装置	吊耳、吊杆及锁定装置的轴销裂纹或磨损、腐蚀量大于原直径 10%时应更换
13		吊耳及锁定装置的连接螺栓腐蚀，可除锈防腐，腐蚀严重的应更换
14		受力拉板或撑板腐蚀量大于原厚度 10%时应更换
15	止水	止水橡皮严重磨损、变形或老化、失去弹性，门后水流散射或设计水头下渗漏量>0.2 L/s. m时应更换
16		潜孔闸门顶止水翻卷或撕裂，应查找原因，采取措施消除和修复
17		止水压板螺栓、螺母应齐全，压板局部变形时可矫正；严重变形或腐蚀时应更换
18		水润滑管路、阀门等损坏时应修理或更换
19		止水木腐蚀、损坏时，应予更换
20		钢性止水在闭门状态应支承可靠、止水严密，挡板出现焊缝脱落现象时应予补焊，填料缺失时应填满符合原设计要求的环氧砂浆
21	埋件	埋件破损面积>30%时应全部更换
22		埋件局部变形、脱落时应局部更换
23		止水座板出现蚀坑时，可涂刷树脂基材料或喷镀不锈钢材料整平
24	防腐	当涂层普遍出现剥落、鼓泡、龟裂、明显粉化等老化现象时应全部重做新的防腐涂层或封闭涂层

（五）启闭机养护维修标准

启闭机养护维修主要包括卷扬式启闭机的养护、卷扬式启闭机的维修、螺杆启闭机养护维修、液压启闭机的养护、液压启闭机的维修。

1. 卷扬式启闭机的养护标准

卷扬式启闭机的养护标准如表 3-16 所示。

表 3-16 卷扬式启闭机的养护标准

序号	标准内容	
1	标志标牌	启闭机应编号清楚，设有转动方向指示标志，在启闭机外罩设置闸门升降方向标志
2		启闭机传动轴等转动部位应涂红色油漆，油杯宜涂黄色标志
3	机体防护	启闭机机架（门架）、启闭机防护罩、机体表面应保持清洁，除转动部位的工作面外，应采取防腐蚀措施。防护罩应固定到位，防止齿轮等碰壳
4	润滑	注油设施（如油孔、油道、油槽、油杯等）应保持完好，油路应畅通，无阻塞现象。油封应密封良好，无漏油现象。一般根据工程启闭频率定期检查保养，清洗注油设施，并更换油封，换注新油
5		机械传动装置的转动部位应及时加注润滑油，应根据启闭机转速或说明书要求选用合适的润滑油脂；减速箱内油位应保持在上下限之间，油质应合格；油杯、油道内油量应充足，并经常在闸门启闭运行时旋转油杯，使轴承得以润滑
6	传动装置	启闭机的联接件应保持紧固，不得有松动现象
7		开式齿轮及齿形联轴节应保持清洁，表面润滑良好，无损坏及锈蚀
8		应保持滑轮组润滑、清洁、转动灵活，滑轮内钢丝绳不得出现脱槽、卡槽现象；若钢丝绳卡阻、偏磨，应调整
9		钢丝绳应定期清洗保养，并涂抹防水油脂。钢丝绳两端固定部件应紧固、可靠；钢丝绳在闭门状态时不得过松
10	制动装置	制动装置应经常维护，适时调整，确保动作灵活、制动可靠；液压制动器及时补油，定期清洗、换油
11	开度指示	闸门开度指示器应定期校验，确保运转灵活，指示准确

2. 卷扬式启闭机的维修标准

卷扬式启闭机的维修标准如表 3-17 所示。

表 3-17 卷扬式启闭机的维修标准

序号	标准内容	
1	大修周期	应根据启闭机相关技术规程，结合启闭机运行情况和实际状况，确定大修周期，按时进行大修
2	机架	启闭机机架不得有明显变形、损伤或裂纹，底脚连接应牢固可靠。机架焊缝出现裂纹、脱焊、假焊时应补焊
3	传动装置	启闭机联轴节连接的两轴同轴度应符合规定。弹性联轴节内弹性圈如出现老化、破损现象，应予更换
4		滑动轴承的轴瓦、轴颈，出现划痕或拉毛时应修刮平滑。轴与轴瓦配合间隙超过规定时，应更换轴瓦。滚动轴承的滚子及其配件，出现损伤、变形或磨损严重时应更换
5		齿轮联轴器齿面、轴孔缺陷超过相关规定或出现裂纹时应更换
6		滑轮组轮缘裂纹、破伤以及滑轮槽磨损超过允许值时应更换

续表

序号	标准内容	
7	传动装置	卷扬式启闭机卷筒及轴应定位准确、转动灵活，卷筒表面、幅板、轮缘、轮毂等不得有裂纹或明显损伤
8		钢丝绳达到《起重机钢丝绳保养、维护、安装、检验和报废》(GB/T 5972)规定的报废标准时，应予更换；更换的钢丝绳规格应符合设计要求，应有出厂质保资料。更换钢丝绳时，缠绕在卷筒上的预绕圈数应符合设计要求，无规定时，应大于 4 圈，其中 2 圈为固定用，另外 2 圈为安全圈
9		钢丝绳在卷筒上应排列整齐，不咬边、不偏档、不爬绳；卷筒上固定应牢固，压板、螺栓应齐全，压板、夹头的数量及距离应符合《钢丝绳用压板》(GB/T 5975)的规定
10		双吊点闸门钢丝绳应保持双吊点在同一水平，防止闸门倾斜；一台启闭机控制多孔闸门时，应使每一孔闸门在开启时保持同高
11		发现钢丝绳绳套内浇注块粉化、松动时，应立即重浇
12		弧型闸门钢丝绳与面板连接的铰链应转动灵活
13	制动装置	制动装置制动轮、闸瓦表面不得有油污、油漆、水分等；闸瓦退距和电磁铁行程调整后，应符合《水利水电工程启闭机制造、安装及验收规范》(SL 381)的有关规定；制动轮出现裂纹、砂眼等缺陷时应进行整修或更换；制动带磨损严重时应予更换。制动带的铆钉或螺钉断裂、脱落时应立即更换补齐；主弹簧变形、失去弹性时应予更换；蜗轮蜗杆应保持自锁可靠，锥形磨擦圈间隙调整适当，定期适量加油

3. 螺杆启闭机的养护维修标准

螺杆启闭机的养护维修标准如表 3-18 所示。

表 3-18　螺杆启闭机养护维修标准

序号	标准内容	
1	标志标牌	启闭机应编号清楚，设有转动方向指示标志，在启闭机外罩设置闸门升降方向标志
2	大修	结合启闭机运行情况和实际状况，确定大修周期，按时进行大修
3	润滑保护	定期清理螺杆，并涂抹油脂润滑保护，条件允许时可配防护罩
4	承重装置	螺杆的直线度超过允许值时，应矫正调直并检修推力轴承；修复螺杆螺纹擦伤，及时更换厚度磨损超限的螺杆螺纹
5		承重螺母、盆形齿轮、伞形齿轮出现裂纹、断齿或螺纹齿宽磨损量超过允许值时应予更换
6		及时更换保持架变形、滚道磨损点蚀、滚体磨损的推力轴承
7		螺杆与吊耳的连接应牢固可靠

4. 液压启闭机的养护标准

液压启闭机的养护标准如表 3-19 所示。

表 3-19 液压启闭机的养护标准

序号	标准内容	
1	标志标牌	启闭机应编号清楚，设有转动方向指示标志，在启闭机外罩设置闸门升降方向标志
2	固定防护	油缸支架与基体联接应牢固，活塞杆外露部位可设软防尘装置
3	检验调试	调控装置及指示仪表应定期检验
4		运行频次较少的启闭机定期进行试运行
5	防渗漏	油泵、油管系统应无渗油现象
6	液压油	工作油液应定期化验、过滤，油质应符合规定
7		经常检查油箱油位，保持在允许范围内；吸油管和回油管口保持在油面以下

5. 液压启闭机的维修标准

液压启闭机的维修标准如表 3-20 所示。

表 3-20 液压启闭机的维修标准

序号	标准内容	
1	标志标牌	供油管和排油管应敷设牢固；启闭机应编号清楚，设有转动方向指示标志。油压启闭机压力油管应涂刷或标示红色，回油管涂黄色，闸阀涂黑色，手柄涂红色，并标明液压油流向
2		在启闭机外罩设置闸门升降方向标志
3	大修	应根据启闭机相关技术规程，结合启闭机运行情况和实际状况，确定大修周期，按时进行大修
4	执行元件	液压启闭机的活塞环、油封出现断裂、失去弹性、变形或磨损严重的，应予更换
5		油缸内壁及活塞杆出现轻微锈蚀、划痕、毛刺的，应磨刮平滑。油缸和活塞杆有单面压磨痕迹时，分析原因后，予以处理
6	管路	液压管路出现焊缝脱落、管壁裂纹的，应及时修理或更换。修理前应先将管道内油液排净后才能进行施焊。严禁在未拆卸管件的管路上补焊。管路需要更换时，应与原设计规格相一致
7	附件	更换失效的空气干燥器、液压油过滤器部件
8		液压系统有滴、冒、漏现象时，应及时修理或更换密封件
9		贮油箱焊缝漏油需要补焊时，可参照管路补焊的有关规定进行处理。补焊后应做注水渗漏试验，要求保持 12 h 无渗漏现象
10	耐压试验	油缸检修组装后，应按设计要求做耐压试验。如无规定，则按工作压力试压 10 min。活塞沉降量不应＞0.5 mm，上下端盖法兰不应漏油，缸壁不应有渗油现象
11		管路上使用的闸阀、弯头、三通等零件壁身有裂纹、砂眼或漏油时，均应更换新件。更换前，应单独做耐压试验。工作压力≤16 MPa 时，试验压力为工作压力的 1.5 倍；工作压力＞16 MPa，试验压力为工作压力的 1.25 倍，保持 10 min 以上无渗漏时，才能使用
12		当管路漏油缺陷排除后，应按设计规定做耐压试验。如无规定，试验压力为工作压力的 1.25 倍，保持 30 min 无渗漏，才能投入运用

续表

序号	标准内容	
13	试运行	油泵检修后，应将油泵溢流阀全部打开，连续空转≥30 min，不得有异常现象。空转正常后，在监视压力表的同时，将溢流阀逐渐旋紧，使管路系统充油(充油时应排除空气)。管路充满油后，调整油泵溢流阀，使油泵在工作压力的25%、50%、75%、100%的情况下分别连续运转15 min，应无振动、杂音和温升过高现象
14		空转试验完毕后，调整油泵溢流阀，使其压力达到工作压力的1.1倍时动作排油，此时应无剧烈振动和杂音

(六) 电气设备养护维修标准

电气设备养护维修主要包括油浸式变压器的养护维修、干式变压器养护维修、电动机的养护维修、操作设备的养护维修、启闭机控制系统的养护维修、柴油发电机组养护维修、蓄电池养护维修、输电线路的养护维修、防雷接地设施的养护维修。

1. 油浸式变压器的养护维修标准

油浸式变压器的养护维修标准如表3-21所示。

表3-21　油浸式变压器的养护维修标准

序号	标准内容	
1	变压器油	定期检测变压器油油质、油位，更换不符合标准的变压器油
2	零部件	定期检查放油阀和密封垫是否完好，修复或更换损坏的零部件
3	引出线	检查引出线接头是否紧固，更换损坏的零部件
4	接地	定期检查变压器接地装置是否完好，螺栓是否松动
5	呼吸器	更换变色的吸湿剂
6	防爆管	更换有缺损的防爆管薄膜

2. 干式变压器的养护维修标准

干式变压器的养护维修标准如表3-22所示。

表3-22　干式变压器的养护维修标准

序号	标准内容	
1	通风散热系统	通风散热系统应保持清洁无灰尘
2	引出线	定期检查引出线接头是否紧固，螺栓是否松动，引线是否正常，绝缘是否良好
3	接地	定期检查变压器接地装置是否完好，螺栓是否松动
4	测保装置	定期对各种保护装置、测量装置及操作控制箱进行检修、维护
5	零部件	修复或更换损坏的零部件

3. 电动机的养护维修标准

电动机的养护维修标准如表3-23所示。

表 3-23 电动机的养护维修标准

序号	标准内容	
1	外壳	电动机的外壳应保持无尘、无污、无锈
2	零部件	接线盒应防潮,压线螺栓应紧固,损坏应更换
3	电机本体	轴承内的润滑脂应保持填满空腔内 1/2～1/3,油质合格;定子与转子间的间隙应保持均匀,轴承如有松动、磨损,应及时更换
4		绕组的绝缘电阻值应定期检测,电阻值＜0.5 MΩ 时,应进行干燥处理。如绕组绝缘老化,应视老化程度采用浸绝缘漆、干燥或更换绕组

4. 操作设备的养护维修标准

操作设备的养护维修标准如表 3-24 所示。

表 3-24 操作设备的养护维修标准

序号	标准内容	
1	接线	检查接线是否牢固、标识是否明显,发现问题及时修理
2	柜体	动力柜、照明柜、启闭机操作箱、检修电源箱等应定期清洁,保持箱内整洁,设在露天的操作箱、电源箱应防雨、防潮;所有电气设备金属外壳均有明接地,并定期检测接地电阻值,如接地电阻＞4 Ω,应增设补充接地极
3	开关	各种开关、继电保护装置应保持干净、触点良好、接头牢固,如发现接触不良,应及时维修,如老化、动作失灵,应予更换;热继电器整定值应符合规定
4	测保装置	主令控制器及限位开关装置应经常检查、保养和校核,确保限位准确可靠,触点无烧毛现象;上下限位装置应分别与闸门最高、最低位置一致;上下扉闸门的联动装置应确保可靠.动作灵活
5		熔断器的熔丝规格必须根据被保护设备的容量确定,熔丝熔断后应检查原因,查看线路、设备是否正常,不得改用大规格熔丝,不得使用其他金属丝代替
6		各类仪表(电流表、电压表、功率表等)每年应按规定检验,保证指示正确灵敏,如发现失灵,应及时检修或更换

5. 启闭机控制系统的养护维修标准

启闭机控制系统的养护维修标准如表 3-25 所示。

表 3-25 启闭机控制系统的养护维修标准

序号	标准内容	
1	接地母线	修复、更新锈蚀或损坏的接地母线
2	开度及荷重装置	修复、更新出现故障或损坏的闸门开度及荷重装置
3	接触器	更换不符合要求的接触器
4	闭锁装置	检查电气闭锁装置动作是否灵敏、可靠,能否自动切断主回路电源,及时修复故障缺陷或更换零部件

6. 柴油发电机组的养护维修标准

柴油发电机组的养护维修标准如表 3-26 所示。

表 3-26 柴油发电机组的养护维修标准

序号	标准内容	
1	柴油机	检查柴油机各部油位是否正常，油质是否合格，不满足要求的，应补油或换油
2	发电机	及时修复有卡阻的发电机转子、风扇与机罩间隙
3		擦拭干净集电环换向器，及时调整电刷压力
4	控制屏	检查机旁控制屏元件和仪表安装是否紧固，更换损坏的熔断器
5		更换动作不灵活、接触不良的机旁控制屏的各种开关
6	绝缘	检查绝缘电阻是否符合要求，更换不符合要求的部件
7	防冻	做好柴油发电机组冬季保暖和防冻措施

7. 蓄电池的养护维修标准

蓄电池的养护维修标准如表 3-27 所示。

表 3-27 蓄电池的养护维修标准

序号	标准内容	
1	外观	蓄电池应完整，无破损、漏液、变形，极板无硫化、弯曲、短路等现象
2	接线	检查连接部位是否牢固、端子表面是否清洁、接触是否良好
3	排气孔	检查排气孔有无堵塞，冬季应防止被冰水封住，使用时应防止电池内压增高，发生壳体爆裂事故
4	电解液	蓄电池在使用期间的电解液密度、液面高度和温度应正常
5	充放电	检查蓄电池是否保持荷电饱满状态，应定期补充电

8. 输电线路的养护维修标准

输电线路的养护维修标准如表 3-28 所示。

表 3-28 输电线路的养护维修标准

序号	标准内容	
1	保护	各种电气设备应防止发生漏电、短路、断路、虚连等现象，线路故障应及时检测、维修；绝缘不符合规定要求老化的低压供(配)电线路应及时更换
2	接头	线路接头应联接良好，并注意防止铜铝接头锈蚀
3	架空线	架空线路与树木之间的净空距离应符合规定要求，经常巡视架空线路，清除线路障碍物
4	绝缘	定期测量导线绝缘电阻值，对一次回路、二次回路及导线间的绝缘电阻值都不应$<0.5\ M\Omega$
5	电缆沟、电缆架	应及时修复损坏的电缆沟及电缆架

9. 防雷接地设施的养护维修标准

防雷接地设施的养护维修标准如表 3-29 所示。

表 3-29 防雷接地设施的养护维修标准

序号	标准内容	
1	接地要求	接地电阻＞10Ω 时，应补充或完善接地极
2	接地要求	及时修补局部破损的防雷接地器支架的防腐涂层
3	接地要求	避雷针（线、带）及地下线的腐蚀量大于截面的 30%时，应更换
4	接地要求	导电部件的焊接点或螺栓接头如脱焊、松动应予补焊或旋紧
5	校验、检测等	电器设备的防雷设施应按供电部门的有关规定进行定期校验
6	校验、检测等	防雷设施的构架上，严禁架设低压线、广播线及通讯线
7	校验、检测等	建筑物防雷设施每年应在雷雨季前委托有资质的单位进行检测
8	校验、检测等	避雷器不满足要求的应及时更换

（七）通信及监控设施养护维修标准

通信及监控设施养护维修主要包括通信设施养护维修、监控系统硬件设施的养护维修、监控系统软件的养护维修。

1. 通信设施的养护维修标准

通信设施的养护维修标准如表 3-30 所示。

表 3-30 通信设施的养护维修标准

序号	标准内容	
1	通信设备	及时修理、更新故障或损坏（如雷击）的通信设备及设施
2	辅助设施	及时修复、更新故障或损坏的电源等辅助设施
3	通信专用塔（架）	及时修复防腐涂层脱落、接地系统损坏的通信专用塔（架）

2. 监控系统硬件设施的养护维修标准

监控系统硬件设施的养护维修标准如表 3-31 所示。

表 3-31 监控系统硬件设施的养护维修标准

序号	标准内容	
1	设备本体	经常对传感器、可编程序控制器、指示仪表、保护设备、视频系统、计算机及网络等系统硬件进行检查维护和清洁除尘；及时修复故障，更换零部件
2	设备本体	按规定时间对传感器、指示仪表、保护设备等进行率定和精度校验，对不符合要求的设备进行检修、校正或更换
3	设备本体	定期对保护设备进行灵敏度检查、调整，对云台、雨刮器等转动部分加注润滑油
4	防雷	更换损坏的防雷系统的部件或设备

3. 监控系统软件的维护标准

监控系统软件的维护标准如表 3-32 所示。

表 3-32　监控系统软件的维护标准

序号	标准内容	
1	操作权限	应制定计算机控制操作规程并严格执行，明确管理权限
2	安全管理	加强对计算机和网络的安全管理，配备必要的防火墙，监控设施应采用专用网络
3	备份	经常对系统软件和数据库进行备份，对技术文档妥善保管
4		有管理权限的人员对软件进行修改或设置时，修改或设置前后的软件应分别进行备份，并做好修改记录
5	记录	对运行中出现的问题详细记录，并通知开发人员解决和维护
6		及时统计并上报有关报表

(八) 管理设施养护维修标准

管理设施的养护维修标准如表 3-33 所示。

表 3-33　管理设施的养护维修标准

序号	标准内容	
1	房屋	控制室、启闭机房等房屋建筑地面、墙面应完好、整洁、美观，通风良好，无渗漏
2	道路	管理区道路和对外交通道路应经常养护，保持通畅、整洁、完好
3	办公、生活设施等	经常清理办公设施、生产设施、消防设施、生活及辅助设施等，办公区、生活区及工程管理范围内应整洁、卫生，绿化经常养护
4	标志标牌	对界桩、界牌、安全警示牌、宣传牌等工程标志标牌进行检查维护或补充，确保完好、醒目、美观
5	观测设施	沉陷点、测压管、断面桩等观测设施完好，能够正常观测使用
6	照明	及时修复故障照明系统。工程主要部位的警示灯、照明灯、装饰灯应保持完好，主要道路两侧或过河、过闸的输电线路、通信线路及其他信号线，应排放整齐、穿管固定或埋入地下

六、安全生产标准

管理单位应组织职工认真学习、贯彻执行《中华人民共和国水法》《中华人民共和国防洪法》《中华人民共和国安全生产法》《江苏省水利工程管理条例》《江苏省河道管理条例》等有关法律法规，开展安全生产管理工作。安全生产包括安全管理、安全鉴定。

(一) 安全管理标准

安全管理标准如表 3-34 所示。

表 3-34 安全管理标准

序号	标准内容	
1	目标职责	明确安全生产管理机构，配备专（兼）职安全生产管理人员，建立、健全安全管理网络和安全生产责任制
2		逐级签订安全生产责任书，并制定目标保证措施
3		按有关规定保证具备安全生产条件所必须的资金投入，并严格资金管理
4	制度化管理	建立、健全安全生产规章制度和安全操作规程，改善安全生产条件，建立健全安全台账
5		及时识别、获取适用的安全生产法律法规和其他要求，归口管理部门每年发布 1 次适用的清单，建立文本数据库
6	教育培训	每年识别安全教育培训需求，编制培训计划，按计划进行培训，对培训效果进行评价
7		加强新员工、特种作业人员、相关方及外来人员教育培训工作
8	现场管理	现场设施管理工作标准参见表 3-10 至表 3-35 相关内容
9		作业时成立安全管理小组，配备专（兼）职安全员，与相关方签订安全生产协议，开展专项安全知识培训和安全技术交底，检查落实安全措施，规范各类作业行为
10	安全风险管控及隐患排查治理	定期开展危险源辨识和风险等级评价，设置安全风险公告牌、危险源告知牌，管控安全风险，消除事故隐患
11		对重大危险源进行登记建档，并按规定进行备案，同时对重大危险源采取技术措施和组织措施进行监控
12	应急管理	建立健全安全生产预案体系（综合预案、专项预案、现场处置方案等），将预案报上级主管部门备案，并通报有关应急协作单位，一般每 3 年修订 1 次，如工程管理条件发生变化应及时修订完善
13		安全应急预案或专项应急预案每年应至少组织 1 次演练，现场处置方案每半年应至少组织 1 次演练，有演练记录
14	事故查处	发生事故后管理单位应采取有效措施，组织抢救，防止事故扩大，并按有关规定及时向上级主管部门汇报，配合做好事故的调查及处理工作
15		零事故报告定期通过信息平台上报
16	持续改进	根据有关规定和要求，开展安全生产标准化建设，同时根据绩效评定报告，进行持续改进

（二）注册登记标准

注册登记标准如表 3-35 所示。

表 3-35 注册登记标准

序号	标准内容	
1	登记要求	水闸注册登记要求应按《水闸注册登记管理办法》执行
2		水闸注册登记实行一闸一证制度

续表

序号	标准内容	
3	登记方式	水闸注册登记采用网络申报登记方式进行，通过水闸注册登记管理系统开展工作
4	申报信息	申报信息主要包括水闸基本信息、管理单位信息、工程竣工验收鉴定书、水闸控制运用计划、水闸安全鉴定报告书、病险水闸限制运用方案审核备案文件、水闸全景照片、其他资料
5	变更	水闸管理单位发生变化或其隶属关系变化，或者安全鉴定、除险加固等情况导致水闸注册登记信息发生变化的，向水闸注册登记机构申请办理变更事项登记

（三）安全鉴定标准

安全鉴定工作标准如表 3-36 所示。

表 3-36　安全鉴定工作标准

序号	标准内容	
1	鉴定要求	水闸安全鉴定要求应按《江苏省水闸安全鉴定管理办法》执行
2	首次鉴定	水闸首次安全鉴定应在新建、改扩建、加固竣工验收后 5 年内进行，以后每隔 10 年进行 1 次安全鉴定。运行中遭遇超标准洪水、强烈地震、增水高度超过校核潮位的风暴潮、工程发生重大事故后，应及时进行安全检查，如出现影响安全的异常现象的，应及时进行安全鉴定。闸门、启闭机等单项工程达到折旧年限，应按有关规定和规范适时进行单项安全鉴定。对影响水闸安全运行的单项工程，应及时进行安全鉴定
3	鉴定内容	水闸安全鉴定的具体内容应按《水闸安全评价导则》(SL 214)的规定进行，包括现状调查、安全检测、安全复核等。根据安全复核结果，进行研究分析，作出综合评估，确定水闸工程安全类别，编制水闸安全评价报告，并提出加强工程管理、改善运用方式、进行技术改造、加固补强、设备更新或降等使用、报废重建等方面的意见
4	后续处理	经安全鉴定为二类水闸的，水闸管理单位应编制维修方案，报上级主管部门批准，必要时进行大修。经安全鉴定为三类水闸的，水闸管理单位应及时组织编制除险加固计划，报上级主管部门批准。经安全鉴定为四类水闸的，管理单位应报上级主管部门申请降低标准运用或报废、重建。在三、四类水闸未处理前，水闸管理单位应制定水闸安全应急方案，并采取限制运用措施

七、制度管理标准

水闸管理单位应结合工程实际，及时修订水闸工程管理细则、水闸运行管理制度和操作规程。制度建设管理主要包括水闸技术管理细则、管理制度、操作规程的制定完善与执行等方面。

制度管理标准示例如表 3-37 所示。

表 3-37 制度管理标准

序号	标准内容	
1	管理细则	管理单位应结合工程的规划设计和具体情况，编制水闸工程管理细则。工程实际情况和管理要求发生改变时要及时进行修订，报上级主管部门批准
2		管理细则应有针对性、可操作性，能全面指导工程技术管理工作，主要内容包括：总则、工程概况、控制运用、工程检查与设备评级、工程观测、养护修理、安全管理、技术资料与档案管理、其他工作等
3	管理制度与操作规程	管理制度、操作规程条文应规定工作的内容、程序、方法，要有针对性和可操作性
4		管理制度、操作规程应经过批准，并印发执行
5	执行与评估	管理细则、管理制度、操作规程应将规章制度汇编成册，组织培训学习
6		管理单位应开展规章制度执行情况监督检查，并将规章制度执行情况与单位、个人评先评优和绩效考核挂钩
7		管理单位应每年对规章制度执行效果进行评估、总结

八、教育培训工作标准

管理单位应明确教育培训的归口管理部门、对象与内容、学时、组织与管理、记录与档案等要求。教育培训工作主要包括制订培训计划、新职工入职培训、安全生产教育培训、特种作业人员培训等。

教育培训管理标准示例如表 3-38 所示。

表 3-38 教育培训工作标准

序号	标准内容	
1	业务培训	管理单位应制订年度教育培训计划，开展在岗人员专业技术和业务技能的学习与培训，运行管理岗位人员培训每年不少于 1 次，应完成规定的学时，职工年培训率应达到 50%以上
2		管理细则、规章制度、应急预案等应按规定及时组织培训
3		闸门运行关键岗位和特种作业人员应按照有关规定进行培训并持证上岗
4	岗前培训	首次上岗的运行管理人员应实行岗前教育培训，具备与岗位工作相适应的专业知识和业务技能
5	安全培训	单位主要负责人安全生产管理人员初次安全培训时间不得少于 32 学时，每年再培训时间不得少于 12 学时，一般在岗作业人员每年安全生产教育和培训时间不得少于 12 学时，新员工的三级安全培训教育时间不得少于 24 学时
6	评价总结	管理单位应每年对教育培训效果进行评估和总结，建立教育培训台账

九、档案管理标准

（一）技术档案管理标准

管理单位应建立档案资料管理制度，由熟悉工程管理、掌握档案管理知识并经培训取得上岗资格的专职或兼职人员管理档案，档案设施保持齐全、清洁、完好。

技术档案管理标准如表 3-39 所示。

表 3-39　技术档案管理标准

序号	标准内容	
1	范围及周期	技术档案包括以文字、图表等纸质件及音像、电子文档等磁介质、光介质等形式存在的各类资料
2		管理单位应及时收集技术资料，对于控制运用频繁的工程，运行资料整理与整编宜每季度进行 1 次；对于运用较少的工程，运行资料整理与整编宜每年进行 1 次
3	建档立卡	各类工程和设备均应建档立卡，文字、图表等资料应规范齐全，分类清楚、存放有序，及时归档
4	保管借阅	严格执行保管、借阅制度，做到收借有手续，按时归还
5		档案管理人员工作变动时，应按规定办理交接手续
6	档案室管理	库房温度、湿度应控制在规定范围内
7		档案管理制度、档案分类方案应上墙；档案库房照明应选用白炽灯或白炽灯型节能灯
8	电子化管理	积极推行档案管理电子化

（二）技术图表管理标准

技术图表标准主要依据《科学技术档案案卷构成的一般要求》(GB/T 11822)、《江苏省档案管理条例(2003 修正)》、《水闸工程管理规程》(DB 32/T 3259)和《水闸泵站工程标志标牌规范》(DB 32/T 3839)的有关规定制定。

技术图表管理标准如表 3-40 所示。

表 3-40　技术图表管理标准

序号	标准内容	
1	范围及内容	技术图表主要包括工程概况、水闸平立剖面图、流量曲线图、电气主接线图、设备检修揭示图、巡视检查路线图等
2	工程概况	工程概况应包含工程地理位置、工程等别、启闭机型号、闸门型式，设计流量、校核流量和工程效益等主要技术指标
3	三视图	水闸三视图主要包括平面布置图、立面布置图、剖面图，三视图中应标明水闸结构的主要尺寸和重点部位高程，并尽量分色绘制
4	设备揭示图	主要设备揭示图包括启闭机、闸门、变压器、高低压开关设备等。揭示图中应注明主要设备的出厂时间、安装时间、等级评定时间、大修周期、小修周期和设备保养责任人等信息
5	电气主接线图	电气主接线图包括高压电气主接线和低压电气主接线，主接线图中设备名称与编号应与现场一致，主接线中各电压等级的线路应按规范进行分色绘制
6	张贴位置	技术图表张挂在启闭机房、变压器室、高低压开关室、控制室等合适位置，图表中的内容应准确，图表格式应相对统一，表面应整洁美观。固定牢靠，定期检查维护

十、水政管理标准

管理单位按有关规定禁止在警戒区内停泊船只、捕鱼、游泳，严禁在水闸管理范围内进行爆破、取土、埋葬、建窑、倾倒垃圾或排放有毒有害污染物等危害工程安全的活动发生。

水政管理主要包括水法规宣传、划界确权、管理范围巡查、涉水项目监管、违法处理等。

水政管理标准示例如表 3-41 所示。

表 3-41 水政管理标准

序号	标准内容	
1	水法规宣传	管理单位应结合“世界水周”“世界水日”等，加强水法宣传，同时在执法巡查中要加强水法规宣传，做到巡查和宣传相结合
2	划界确权	应以有关法律法规、规范性文件、技术标准和工程立项审批文件为依据，结合水闸的运行条件、工程布置和周围其他环境因素，划定水闸工程管理范围、保护范围和安全警戒区，确定管理范围内土地使用权属，设立界桩
3		设置管理范围和保护范围公告牌等
4	管理范围巡查	水政监察部门应制定年度巡查方案，包括巡查范围、重点、内容、周期、路线以及责任人和相关责任等
5		采用日常巡查与不定期抽查相结合、重点巡查与一般巡查相结合的方式，可根据各类水事行为的特点增加巡查次数，重点地区可开展联合执法巡查
6		执法巡查一般不得少于 2 人。巡查人员对水事活动实施检查，应主动出示执法证件，严格按照法定权限和程序办事
7	管理范围巡查	执法巡查应当做到文明用语，文明执法。严禁参加可能影响巡查办案的宴请和收受礼品，严禁酒后巡查执法
8		对巡查中发现的各类水事违法案件应及时处理。对特别紧急的水事违法案件应及时报上级主管部门。重大水事案件应当逐级上报
9		执法巡查应建立台账。巡查人员应及时填写巡查记录，载明巡查人员、路线、内容、方式、发现的问题及处理情况
10		按要求及时统计上报水行政执法巡查月报表
11		对水政管理设施定期进行检查与维护，范围桩(牌)、安全警示牌等检查维护记录齐全
12	涉水项目监管	审核建设项目实施方案对河道工程设施造成的不利影响
13		现场开展放线报验、复核，督促建设单位签署承诺书并落实补偿措施，参与项目验收并做好资料收集
14		监督指导项目防汛、度汛工作
15	违法处理	发现侵占、破坏或损坏水利工程的行为，立即采取有效措施予以制止，及时报告并依法查处
16		纠正违法行为，应当坚持处罚与教育相结合，教育公民、法人或者其他组织自觉守法
17		对违法行为调查终结，水政监察人员应当就案件的事实、证据、处罚依据和处罚意见等，向水行政处罚机关提出书面报告

十一、标志标牌设置标准

标志标牌主要包括导视类、公告类、名称编号类、安全类等，其颜色、规格、材质、内容及安装等应符合《水闸泵站工程标志标牌规范》规定，同时结合工程结构及设备的实际情况布置明示。

水闸主要技术图表及标志标牌明示位置如表 3-42 所示。

表 3-42　水闸技术图表明示位置

场所图表名称	桥头堡	启闭机房	控制室	高压开关室	低压开关室	发电机房	检修间	食堂
工程概况	√							
工程平、立、剖面图	√	√						
工程主要参数表	√	√						
设备揭示图表		√		√	√	√	√	
电气主接线图				√	√			
启闭机控制原理图		√						
水位流量关系曲线			√					
闸下安全始流曲线			√					
巡视线路图	√	√	√	√	√	√		
危险源风险告知牌	√	√	√	√	√	√	√	√

1. 导视类标志标牌

导视类标志标牌包括工程路网导视标牌、工程区域总平面布置图标牌、工程区域内建筑物导视标牌、建筑物内楼层导视标牌。

导视类标志标牌设置标准如表 3-43 所示。

表 3-43　导视类标志标牌设置标准

<table>
<tr><th>序号</th><th colspan="2">标准内容</th></tr>
<tr><td>1</td><td>设置要求</td><td>导视类标志标牌应保证信息的连续性和内容的一致性</td></tr>
<tr><td>2</td><td rowspan="3">布置顺序</td><td>导视标牌有多个不同方向的目的地时，宜按照向前、向左和向右的顺序布置</td></tr>
<tr><td>3</td><td>同一方向有多个目的地时，宜按照由近及远的空间位置从上至下集中排列</td></tr>
<tr><td>4</td><td>导视标牌应标注每层布置的功能间名称，标牌内容从上向下应按照高楼层向低楼层的顺序布置</td></tr>
<tr><td>5</td><td>重点区域</td><td>宜配套设置巡视路线地贴标牌，重点部位宜设置重点部位运行巡视点标牌，明确关键部位的巡视点，提醒运行工作人员加强巡视</td></tr>
</table>

2. 公告类标志标牌

公告类标志标牌包括工程简介标牌、工程设计标牌、工程管理标牌、参观须知标牌、管理范围和保护范围公告牌、水法规告示标牌、工程建设永久性责任标牌、管理制度标牌、关键岗位责任制标牌、操作规程标牌、巡视内容标牌等。

公告类标志标牌设置标准如表 3-44 所示。

表 3-44 公告类标志标牌设置标准

序号	标准内容	
1	设置要求	公告类标志标牌一般为单面设置,必要时可设置双面标牌
2		对于水闸、泵站合一的水利工程,部分标牌可合并设置
3	设置部位	公告类标志标牌一般设置在建筑物入口、门厅入口、参观起点等醒目位置
4		水法规告知标牌一般设置在水闸上下游的左右岸、入口、公路桥以及拦河浮桶处。水法规告示标牌数量可根据实际需要确定,一般不宜少于 4 块
5		控制运用类管理制度标牌宜设置在控制室、值班室;工程检查、观测、维修养护管理制度及关键岗位责任制标牌宜设置在办公室、值班室;操作规程标准宜设置在操作现场;巡视内容标牌等宜设置在巡视现场

3. 名称编号类标志标牌

名称编号类标志标牌包括管理单位名称标牌、建筑物名称标牌、房间名称标牌、管理界桩标牌、管理区域分界碑标牌、安全警戒区标志标牌、工程观测设施名称标牌、里程桩、百米桩、设备名称标牌、按钮、指示灯、旋转开关标牌、管道名称流向标牌、管路闸阀标牌、液位指示线标牌、起重机额定起重量标牌等。

名称编号类标志标牌设置标准如表 3-45 所示。

表 3-45 名称编号类标志标牌设置标准

序号	标准内容	
1	名称要求	有厂家标志标牌的优先使用厂家自带的标志标牌,没有的应后期制作
2		管理单位名称一般使用中文,也可同时使用英文
3	建筑物	每个建(构)筑物宜设置建筑物名称标牌,一般设置于建(构)筑物顶部、建(构)筑物侧面或建(构)筑物主出入口处
4	机电设备	设备名称标牌应配置在设备本体或附近醒目位置,宜设置于柜眉,应面向操作人员
5	开关指示	指示灯、按钮和旋转开关旁宜设置文字标志标牌,提示操作功能和运行状态等。一般设置在相关按钮、指示灯、旋转开关下部适当位置
6	闸阀	管路闸阀名称标牌宜悬挂于相应闸阀的操作手柄处。旋转方向标牌宜固定在闸阀上
7	同类设备	同类设备按顺序编号,编号标志标牌内容包括设备名称及阿拉伯数字编号
8		编号标牌颜色组合宜为白底红字、白底蓝字、红底白字、蓝底白字等,可参照设备底色选定。同类设备编号标牌尺寸应一致,设置在容易辨识、固定且相对平整的位置
9	旋转设备	旋转机械有旋转方向标牌,旋转方向标牌内容为功能箭头。电机旋转方向标志宜设置在电机的外罩上,水泵抽水发电方向标志宜设置在水泵联轴器或泵轴上

4. 安全类标志标牌

安全类标志标牌一般包括禁止标志标牌、警告标志标牌、指令标志标牌、提示标志标牌、安全警戒线、消防标志标牌、电力标志标牌、交通标志标牌、职业健康告知牌、危险源点警示牌等。

安全类标志标牌设置标准如表 3-46 所示。

表 3-46　安全类标志标牌设置标准

序号	标准内容	
1	设置要求	多个安全标志标牌在一起设置时，应按禁止、警告、指令、提示类型的顺序，先左后右、先上后下排列
2		水闸上下游的左右岸、入口、公路桥以及拦河浮桶处应设置安全类标志标牌，总量一般不宜少于 4 块，可根据现场实际需要适当增加标牌数量
3		水闸引河较长的，每隔 200～300 m 或在河道转弯处，设置安全类标志标牌
4	警戒线	电气设备、变配电站、机械设备、消防设备、行车停放位置下方等危险场所或危险部位周围应设置安全警戒线和防护设施。电气设备、变配电站、机械设备所在区域、楼梯第一级台阶上用黄色警戒线，消防箱、消防柜及灭火器的安全隔离区用红白警戒线
5		危险部位、拦河浮筒上用黄黑警戒线，安全警戒线的宽度宜为 50～150 mm
6	标牌管理	现有的安全类标志标牌缺失、数量不足、设置不符合要求的，应及时补充、完善或替换

第四章　管理制度

制度是共同遵守的办事规程或行动准则，是技术发挥其作用的保证，制度建设注重严肃性、严密性、系统性。水闸工程精细化管理需要建立健全刚性的制度体系，一般包括技术管理细则、规章制度和操作规程等，内容和深度应满足工程管理需要，可操作性强。各类制度既有分工、互不冲突又相互联系、协调配合，共同发挥作用，做到系统、管用、可行，切实保证各项工作规范有方、管理有章、执行有据。同时，要加强制度学习与执行，对制度执行的效果应进行评估、总结，当工程状况或管理要求发生变化时应及时修订完善。

第一节　管理细则

管理细则是制度和职责的具体文本，水闸管理单位应结合实际情况对技术管理规程做详细的解释和补充。管理细则主要包括总则、工程概况、控制运用、工程检查与设备评级、工程观测、养护维修、安全管理、技术档案管理、其他工作等。

1. 总则主要明确细则制定的依据、工程管理的任务与职责、应遵守的水利工程管理考核与维修养护等方面的相关规定、应建立的各项管理制度和规程等。

2. 工程概况一般包括工程简介、工程建设与加固改造情况、工程作用、工程管理范围、设计水位组合及历史特征值等内容。

3. 控制运用包括一般要求、控制运用要求、闸门操作运用等。

(1) 一般要求主要规定调度指令下达的部门及执行纪律、指令执行与上报、水闸操作运行记录留存等。

(2) 控制运用主要规定根据设计和实际情况，工程控制运行管理应满足的要求以及控制运用基本程序等。

(3) 闸门操作运用主要规定闸门启闭前的准备、人员配备、操作要求、台账记录等管理要求，对本工程闸门操作的重要环节、注意事项要重点说明。

4. 工程检查与设备评级包括一般要求、日常检查、定期检查、专项检查、设备评级等内容。

(1) 一般要求主要规定水闸检查的分类以及检查的内容、时间、记录等。

(2) 日常检查主要规定日常检查的分类、日常巡查与经常检查的频次、内容，经常检查应符合的要求等。

（3）定期检查主要规定汛前、汛后检查内容的侧重点、检查的要求、存在问题的处理及应急措施等。

（4）专项检查主要规定检查的依据、检查方式、检查侧重点、对发现问题的处理、修复方案和计划编报等。

（5）设备评级主要规定设备评级的周期、评级的方法、评级成果的审核认定及存在问题的处置等。

5. 工程观测包括一般要求、观测项目、观测要求、观测资料整编与成果分析等内容。

（1）一般要求主要明确本工程观测的主要任务、观测人员要求、观测工作执行的标准等。

（2）观测项目一般包括垂直位移、闸基扬压力、侧岸绕渗、河道断面等。

（3）观测要求主要明确观测设施布置、观测方法、观测时间、观测频次、测量精度、观测记录等应满足的要求。

（4）观测资料整编与成果分析主要明确观测资料整编的时间、观测分析报告编制与审查、观测记录及成果原件的归档要求等。

6. 养护维修包括一般要求、养护维修项目管理、混凝土及砌石工程养护维修、堤岸及引河工程养护维修、闸门养护维修、启闭机养护维修、电气设备养护维修、通信及监测、监视设施养护维修、管理设施养护维修、工程观测设施的养护维修等内容。

（1）一般要求主要规定本工程的养护维修内容、养护维修的分类、养护维修应达到的要求等。

（2）养护维修项目管理主要规定工程养护维修计划的编制上报、经批准后组织实施与过程管理、项目资金与资料管理、完工验收等全过程管理要求。

（3）混凝土及砌石工程养护维修主要规定混凝土及砌石工程养护、维修应达到的要求。

（4）堤岸及引河工程养护维修主要规定堤岸及引河工程养护、维修应达到的要求。

（5）闸门养护维修主要规定闸门门叶、行走支承装置、吊耳、吊杆及锁定装置、闸门止水装置、闸门埋件、防腐蚀的养护和维修应达到的要求。

（6）启闭机养护维修主要规定启闭机养护维修应达到的基本要求、对相应型号启闭机养护和维修应达到的要求等。

（7）电气设备养护维修主要规定干式变压器、电动机、操作设备、启闭机控制系统、柴油发电机组、蓄电池、输电线路、防雷接地设施养护维修应达到的要求。

（8）通信及监测、监视设施养护维修主要规定通信设施、监测、监视系统硬件设施、监测、监视系统软件系统养护维修应达到的要求。

（9）管理设施养护维修主要规定控制室、启闭机房、道路、办公设施、生产设施、消防设施、生活及辅助设施、工程标牌（包括界桩、界牌、安全警示牌、宣传牌等）、工程主要部位的警示灯、照明灯、装饰灯等的养护和维修应达到的要求。

（10）工程观测设施的养护维修主要规定垂直位移观测设施、断面桩、测压管、伸缩缝观测设施的养护与维修应达到的要求。

7. 安全管理包括一般要求、工程保护、安全生产、应急措施、安全鉴定等内容。

（1）一般要求主要规定根据国家法律、法规、技术标准，工程管理单位应履行的安全管理职能等。

(2) 工程保护主要明确对管理范围内环境、工程设施的保护要求。

(3) 安全生产主要规定安全生产管理机构建立及人员配备、安全生产责任制落实、安全生产教育培训开展、特种作业人员持证上岗、危险源辨识和隐患排查治理、操作与修试安全管理、安全设施管理等要求。

(4) 应急措施主要规定一般事故预防、水工建筑物及机电设备出现故障应采取的处置措施等要求。

(5) 安全鉴定主要规定水闸安全鉴定的周期、内容、程序、存在问题处理等要求。

8. 技术档案管理包括一般要求、档案收集、档案整理归档、档案验收移交、档案保管等内容。

(1) 一般要求主要规定技术档案管理制度、人员配备、设施管理等要求。

(2) 档案收集主要规定工程技术文件分类、档案收集的要求、收集的内容等。

(3) 档案整理归档主要规定工程技术文件整理应达到的要求、工程技术文件组卷、案卷编目、案卷装订要求、档案目录及检索的要求等。

(4) 档案验收移交主要规定档案验收、档案移交的要求。

(5) 档案保管主要规定档案室要求、档案保管要求。

9. 其他工作。

主要包含工程管理考核、精细化管理、信息化管理、科学技术研究与职工教育、工程环境保护等。

第二节　规章制度

水闸管理相关规章制度主要包括控制运用、工程检查、工程观测、维修养护、设备管理、安全生产管理、档案管理、水政管理、教育培训、岗位责任制等方面。

一、编制基本原则

1. 管理单位应根据国家的法律法规、行业规范的要求，结合本工程实际，制定本单位的各项规章制度。

2. 管理单位应建立完整的制度体系，包括日常管理的各个方面，确保相关事项有章可循，同时注意制度之间的配套衔接。

3. 规章制度的制定包括制度起草、会签、审核、签发和发布等流程。

4. 规章制度的条文应规定该项工作的内容、程序、方法，紧密结合工程实际，具有较强的针对性和可操作性。

5. 制度的执行应提供相应佐证材料，并及时整理归档。

6. 当管理条件发生变化时，应及时修订完善。

二、控制运用制度

控制运用类制度适用于调度管理、运行操作、值班管理，一般包括调度管理制度、操作票制度、计算机监控系统管理制度、运行值班制度、交接班制度等。

（一）调度管理制度

1. 目的及适用范围：管理范围内水闸的调度运用。
2. 主要内容：
（1）明确本工程调度的主管部门、控制运用方案及相关的纪律要求。
（2）管理单位接到指令后，预警、指令执行等规定。
（3）水闸超标准控制运用。
（4）调度指令记录、回复。
（5）相关泵站的配合运行。

（二）操作票制度

1. 目的及适用范围：管理范围内水闸操作票的使用。
2. 主要内容：
（1）操作票使用的范围。
（2）操作票的签发。
（3）操作票的执行、监护。
（4）操作人的操作、防护，监护人的唱票、监督的规定。
（5）操作人、监护人签字，监护人向发令人汇报的要求。

（三）计算机监控系统管理制度

1. 目的及适用范围：管理范围内水闸计算机监控系统的使用。
2. 主要内容：
（1）开关机的操作规定。
（2）计算机参数设置、软件的安装。
（3）计算机使用的纪律。
（4）系统网络安全隔离的规定。
（5）UPS、计算机测控系统、各传感器的维护。
（6）机房环境卫生。

（四）运行值班制度

1. 目的及适用范围：管理范围内水闸的运行值班。
2. 主要内容：
（1）值班人员执行调度指令的规定。
（2）值班人员的着装、上下班纪律。

(3) 设备巡查,相关规章制度的执行,运行记录的填写要求等。
(4) 异常情况的处理。
(5) 工作现场及值班室清洁。

(五) 交接班制度

1. 目的及适用范围:管理范围内水闸值班人员的交接班。
2. 主要内容:
(1) 交接班时间、纪律要求。
(2) 交接班双方的职责,特别是设备异常运行的交接要求。
(3) 处理事故或进行重要操作时如何交接班。
(4) 交接班手续的办理。

三、工程检查制度

1. 目的及适用范围:管理范围内水闸的检查。
2. 主要内容:
(1) 工程检查的分类。
(2) 日常检查周期、检查内容。
(3) 汛前、汛后检查的内容、要求,报告的编写与上报。
(4) 特别检查的时间、内容、要求,报告的编写与上报。
可以按工程检查的分类分别编制相应的管理制度。

四、工程观测制度

1. 目的及适用范围:管理范围内水闸的工程观测。
2. 主要内容:
(1) 观测项目(由上级下达观测任务书确定)。
(2) 观测设施的布置、观测方法、观测时间、测量次数、测量精度、观测记录、资料整理与整编等方面的规定。
(3) 观测工作的基本要求。
(4) 观测成果审核、分析和整理、上报。
(5) 异常情况的处理。
(6) 观测成果资料整编、归档。
(7) 观测成果应用。

五、维修养护制度

1. 目的及适用范围:管理范围内水闸的维修养护。
2. 主要内容:

(1) 水闸工程及附属设施主要维修项目。
(2) 水闸工程及附属设施主要养护项目。
(3) 维修项目的申报、方案编制要求。
(4) 维修(养护)项目采购与合同管理。
(5) 维修(养护)项目施工质量标准。
(6) 维修(养护)项目过程安全管理。
(7) 维修(养护)项目进度管理。
(8) 维修(养护)项目资金管理。
(9) 维修项目结算及造价审计。
(10) 维修项目阶段验收、合同完工验收及竣工验收。
(11) 维修(养护)项目管理卡填写要求。
(12) 维修养护项目绩效评定相关规定。
可以按分项内容分别编制相应的管理制度。

六、设备管理制度

1. 目的及适用范围:管理范围内水闸的设备管理。
2. 主要内容:
(1) 根据设备说明书编制操作规程,组织运行人员学习、演练、使用的要求。
(2) 设备建档挂卡、编号、旋转方向指示的规定。
(3) 设备缺陷登记内容、程度、类别及消除措施,存在问题、时间等记录要求。
(4) 设备日常管理频次及要求。
(5) 设备保养、校验的规定。
(6) 根据缺陷的严重程度,进行分类、汇报及处理的规定。

七、安全生产相关制度

(一) 主要制度

1. 目的及适用范围:管理范围内水闸的设备设施、工作人员以及开展的各项工作。
2. 主要分项制度:
(1) 安全目标管理制度。
(2) 安全生产责任制。
(3) 安全生产投入管理制度。
(4) 安全教育培训管理制度。
(5) 法律法规标准规范管理制度。
(6) 重大危险源辨识与管理制度。
(7) 安全风险管理、隐患排查治理制度。
(8) 特种作业人员管理制度。

(9) 建设项目安全设施、职业病防护设施“三同时”管理制度。
(10) 作业活动管理制度。
(11) 危险物品管理制度。
(12) 消防安全管理制度。
(13) 用电安全管理制度。
(14) 安全保卫制度。
(15) 职业病危害防治制度。
(16) 劳动防护用品(具)管理制度。
(17) 应急管理制度。
(18) 事故管理制度。
(19) 相关方管理制度。
(20) 安全生产报告制度。

(二) 相关预案

1. 目的及适用范围:水闸防汛防旱、防台风、运行事故应急处置。

2. 主要预案:

预案的编制可参照《生产经营单位生产安全事故应急预案编制导则》(GB/T29639—2013)相关要求。

(1) 防汛防旱应急预案编制主要包括以下内容:

① 总则。包括编制目的、编制依据、适用范围、工作原则。

② 风险分析。包括工程概况、水文气象特征、历史防汛防旱特性分析、影响工程安全运行问题分析。

③ 组织体系。包括组织机构、主要职责。

④ 监测预报、预警与预防。

⑤ 应急响应。包括总体要求、工作内容、应急响应级别及响应行动、信息报送与处理。

⑥ 应急保障措施。

⑦ 后期处置。

⑧ 预案管理。

(2) 防台风应急预案编制主要包括以下内容:

① 总则。包括编制目的、编制依据、适用范围、工作原则。

② 应急组织与职责。包括组织体系、主要职责。

③ 预防预警机制。包括台风预警等级、预警及发布、台风信息跟踪。

④ 应急响应。包括应急程序、应急响应级别、应急响应行动、伤亡事故报告基本要求和内容、应急响应结束。

⑤ 保障措施。

⑥ 善后工作。

(3) 水闸运行事故应急预案编制主要包括以下内容:

① 总则。包括编制目的、编制依据、适用范围、工作原则。

② 工程概况及事故风险分析。

③ 应急组织与职责。包括组成、职责、人员分工。

④ 应急处置程序。包括工程设施及人身事故先期处置程序、现场应急处置程序。

⑤ 主要事故或故障处理措施。包括各种主要事故或故障处理措施、事件报告基本要求和内容。

⑥ 注意事项。

八、档案管理制度

1. 目的及适用范围:工程管理单位的档案工作。

2. 主要内容:

(1) 档案的分类相关规定。

(2) 各类档案的归档范围。

(3) 各类档案的保管期限。

(4) 档案的收集、移交责任分工和手续。

(5) 档案的整理、归档。

(6) 档案的保管、借阅。

(7) 档案的编研。

(8) 档案库房的巡查及安全保障。

(9) 档案设备设施管理维护。

(10) 档案的保密规定。

(11) 相关资料台账等。

可以按分项内容分别编制相应的管理制度。

九、水政管理制度

1. 目的及适用范围:水闸工程管理范围内的水政工作。

2. 主要内容:

(1) 水政巡查的范围、人员组织。

(2) 巡查的频次、内容、记录等规定。

(3) 水法规宣传的范围、内容。

(4) 水法规学习培训,水政人员继续教育。

(5) 发现水事违法问题的处置流程。

(6) 涉河建设项目的许可前服务、许可后签订占用补偿协议、设立公示牌、施工方案审查、跟踪巡查、督促整改、参与验收等监督管理程序。

(7) 水政巡查装备的管理。

(8) 水政执法活动的安全保障。

(9) 巡查日记、月报表和年度统计报表等。

可以按分项内容分别编制相应的管理制度。

十、教育培训制度

1. 目的及适用范围:管理单位教育培训工作。
2. 主要内容:
(1) 培训需求的识别。
(2) 培训计划的制订和审批。
(3) 培训计划的执行(包括培训时间、培训方式、培训部门等)。
(4) 培训效果的评价。
(5) 教育培训台账等。

十一、岗位责任制

1. 目的及适用范围:管理单位全体人员。
2. 主要内容:
(1) 单位负责岗位职责。
(2) 专业技术岗位职责。
(3) 闸门运行工岗位职责。

第三节　操作规程

水闸操作规程一般包括闸门启闭操作规程、配电设备操作规程、柴油发电机组操作规程等。

一、编制基本原则

1. 操作规程应以工程设计和操作实践为依据,确保技术指标、技术要求、操作方法的科学合理,成为人人遵守的操作行为指南。
2. 操作规程应保证操作步骤的完整、细致、准确、量化,有利于设施设备的可靠安全运行,同时要注意各操作规程之间的衔接配合。
3. 操作规程应与优化运行、节能降耗、提高效率等相结合。
4. 操作规程应明确岗位操作人员的职责,做到分工明确、协同操作、配合密切。
5. 操作规程的制定包括规程起草、会签、审核、签发和发布等。
6. 操作规程应在实践中及时修订、补充和不断完善,在采用新技术、新工艺、新设备、新材料时必须及时以补充规定形式进行修改或进行全面修订。

二、闸门启闭操作规程

1. 目的及适用范围:本单位所管水闸工程的闸门启闭操作。

2. 主要内容：
(1) 启闭前的准备工作，设备操作对工作人员的要求。
(2) 启闭前检查的主要内容及要求。
(3) 闸门启闭顺序及启闭过程中的注意事项。
(4) 启闭后应核对的内容。
(5) 启闭记录等。

三、配电设备操作规程

1. 目的及适用范围：本单位所管水闸工程的配电设备操作。
2. 主要内容：
(1) 配电设备操作对工作人员的要求。
(2) 停送电操作步骤及应采取的安全保障措施。
(3) 需要带电作业时，应做好安全技术措施及监护要求。
(4) 启用柴油发电机组备用电源时的操作程序及要求。
(5) 电气操作记录。

四、柴油发电机组操作规程

1. 目的及适用范围：本单位所管水闸工程的柴油发电机组备用电源操作。
2. 主要内容：
(1) 启动发电机组前，检查的内容及其他准备工作。
(2) 机组启动的步骤及要求。
(3) 柴油机启动后，转速的调整及水温、油温的控制。
(4) 空载运行正常后，变阻器调整及电压和频率的控制。
(5) 送电的步骤和要求。
(6) 机组运行过程中的安全措施及注意事项。
(7) 停机的步骤及要求。
(8) 机组长期不用时，每月至少试运行 1 次。

第五章　管理流程

流程化管理是将任务或工作事项沿纵向细分为若干个前后相连的工序单元，将作业过程细化为工序流程，然后进行分析、简化、改进、整合、优化，要注重流程管理的连续性、协调性，达到相互衔接、环环相扣，保证工作有序高效地推进。流程主要采用线形描述，将工作任务细分为若干步骤，再用流动方向的线条将各个步骤按先后顺序连接起来。流程化管理可以先在局部开始，然后逐步推广，也可以先找出最重要的、关系全局的局部流程，来加以改善。对流程要进行分析、研究、改进，去除不必要的、可有可无的环节，简化流程。

水闸管理要借鉴流程化管理方法，以流程规范固化管理行为，克服工作执行过程的随意性，实现工作从开始到结束的全过程闭环式管理。对规律性、程序性、重复性的工作编制流程图，形成完整的工作链，明确工作实施的路径、方法和要求。对控制运用、工程检查、工程观测、维修养护等典型工作编制作业指导书，以流程化管理为主线，明确工作的内容、方法、步骤、措施、标准和人员责任等，对工作开展进行全过程、全方位的指导，使工作过程更加可控、成效更有保证。

第一节　工作流程

水闸工程工作流程编制主要包括控制运用、检查评级、工程观测、维修养护、安全生产、制度建设、档案管理、水政管理和度汛准备等方面的工作。一般包括适用范围、工作职责、工作流程、注意事项和台账资料等。

一、控制运用流程

（一）适用范围

适用于管理范围内的水闸调度运用。

（二）工作职责

由调度部门根据上级调度指令确定调度运行方案，传达给相关工程单位执行，相关工程单位在接到运行指令后，要及时组织执行，做好记录，并及时将执行情况向上反馈。

（三）工作流程

流程一般包括指令下达、拟定调度方案、确定闸门启闭孔数和开高、闸门启闭操作、执行情况回复等。

1. 指令执行参考流程如图 5-1 所示。

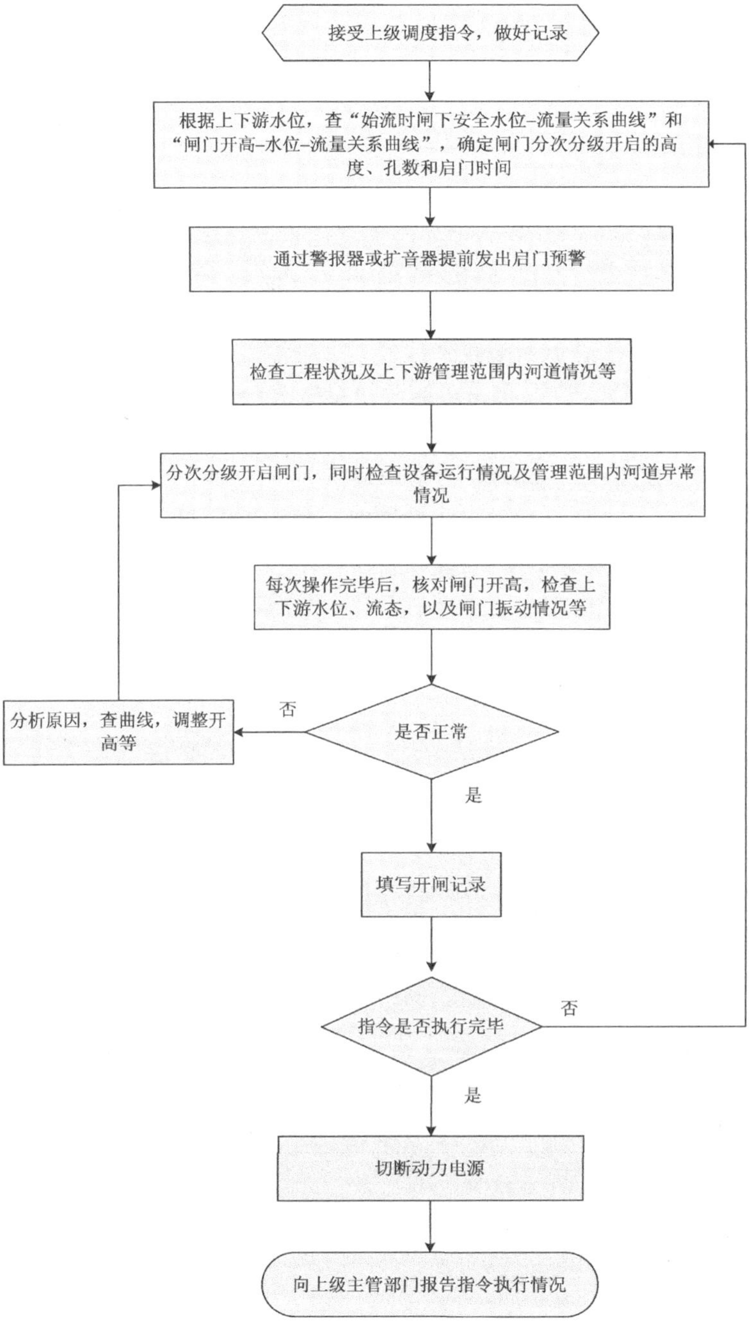

图 5-1　指令执行参考流程图

2. 运行值班管理参考流程如图 5-2 所示。

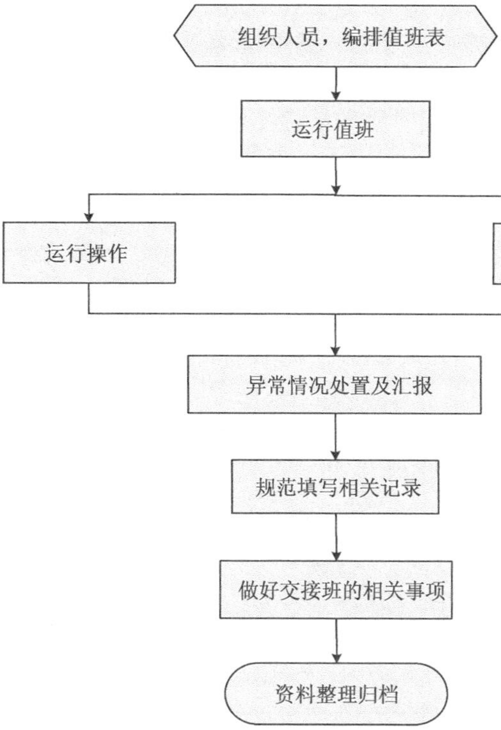

图 5-2　运行值班管理参考流程图

（四）注意事项

1. 控制运行只接受上级调度指令，不接受其他任何部门或个人的意见。

2. 闸门操作、机电设备运行过程管理符合本闸相关操作规程和有关规定。

3. 挡潮闸应在潮位落至闸上水位以下时开闸排水；在潮位回涨至与闸上水位相平时关闸；沿海挡潮闸在任何情况下均应防止海水倒灌。

4. 排水闸在多雨季节有暴雨天气预报时，适时预降内河水位；汛期充分利用外河水位回落时机排水。

5. 运行资料汇总并分析存在问题，提高运行管理水平。

（五）台账资料

台账资料包括闸门启闭记录、值班记录、调度指令执行记录等。部分表格参照附录 A。

二、工程检查流程

（一）适用范围

适用于水闸工程日常检查、定期检查、专项检查工作。

（二）工作职责

1. 管理单位根据工程管理规程和具体的工程管理技术细则，确定检查内容与频次。经常性检查一般汛期由值班人员负责，非汛期由技术人员专人负责。

2. 汛前、汛后定期检查及工程评级。管理单位要按照有关要求，成立专门工作小组，分解工作任务、明确工作要求、落实工作职责，并加强检查考核。

（三）工作流程

检查流程一般包括发布通知、制定内容及计划、实施检查及维修养护、工程评级、进行总结、形成报告、报上级主管部门、资料汇总归档等。

1. 日常检查参考流程如图 5-3 所示。

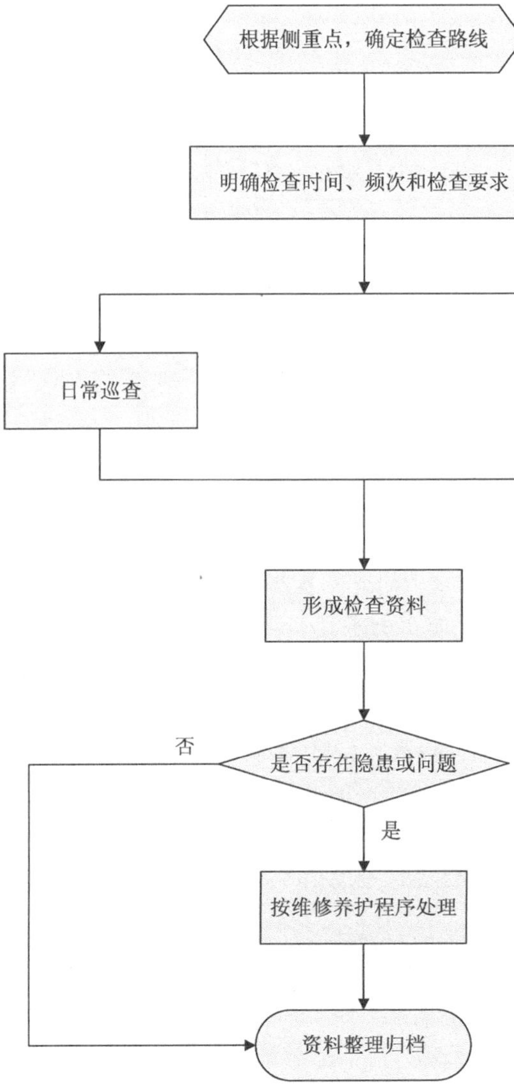

图 5-3　日常检查参考流程图

2. 汛前检查参考流程如图 5-4 所示。

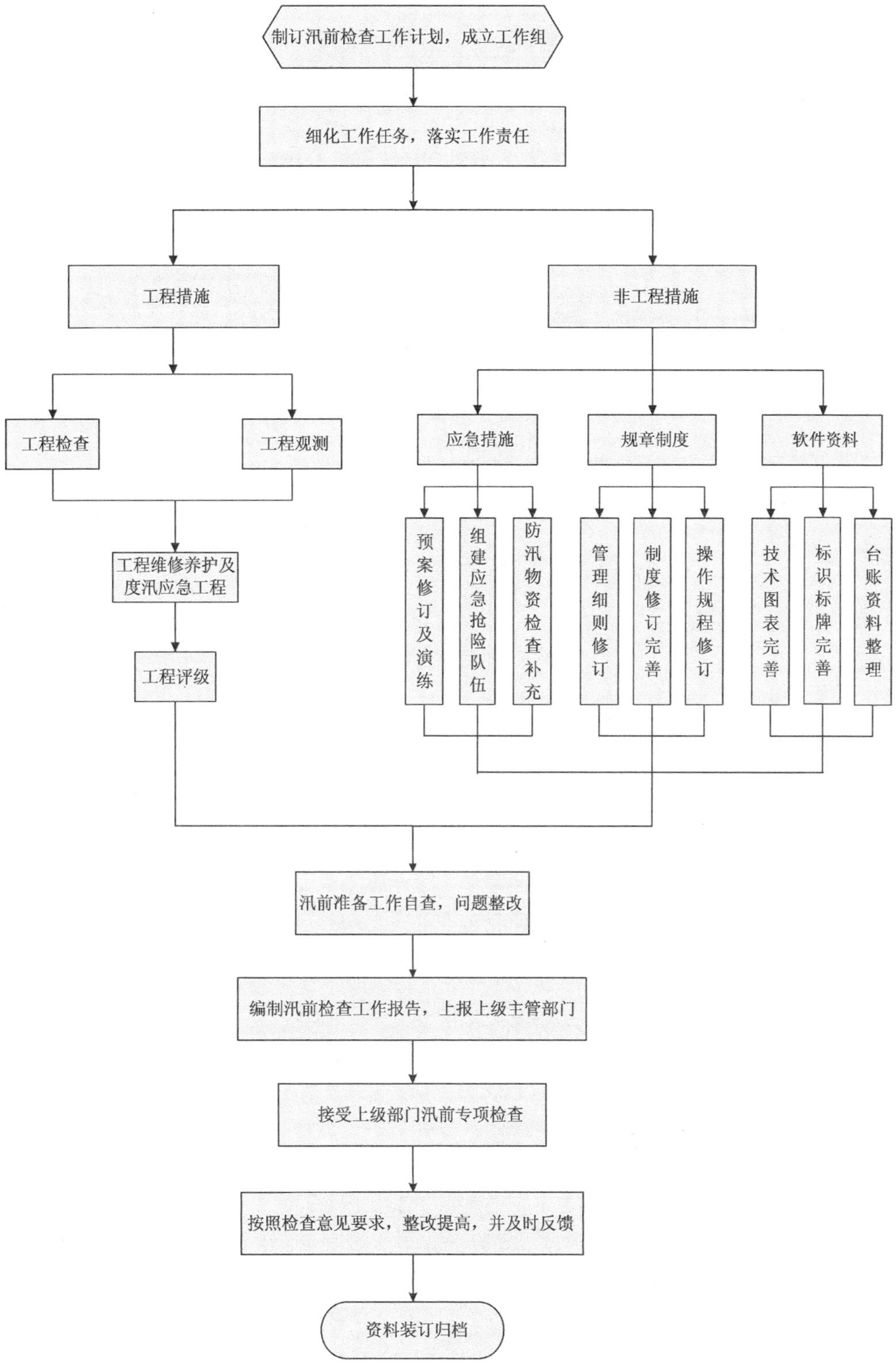

图 5-4　汛前检查参考流程图

3. 汛后检查参考流程如图 5-5 所示。

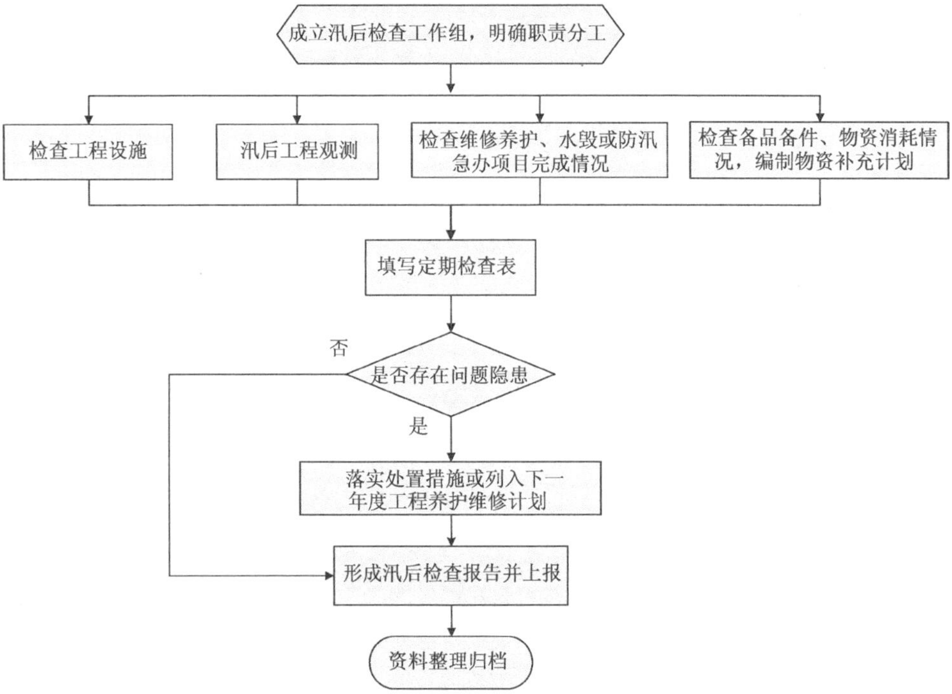

图 5-5　汛后检查参考流程图

4. 专项检查参考流程如图 5-6 所示。

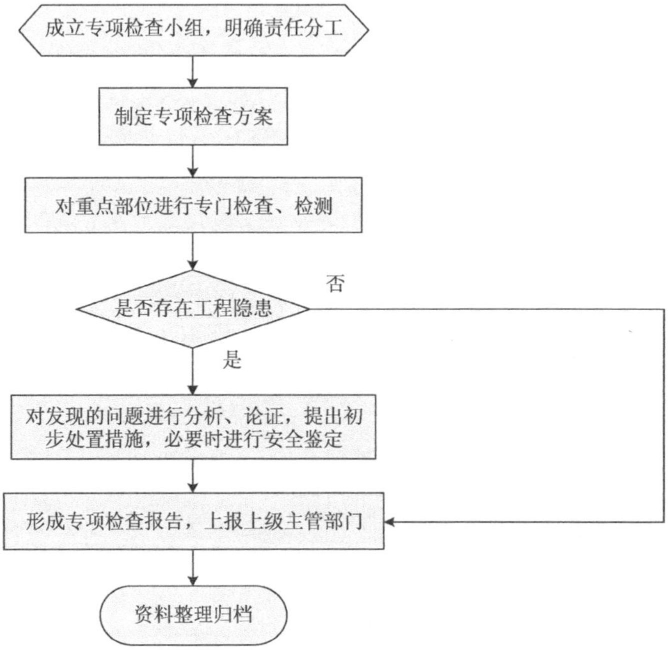

图 5-6　专项检查参考流程图

（四）注意事项

1. 各类检查应根据相应的侧重点进行认真检查，检查内容要全面，数据要准确。

2. 对检查发现的安全隐患或缺陷，应及时组织进行维修处理。

3. 对影响工程安全度汛而一时又无法在汛前解决的问题，应制定好应急抢险方案，并上报上级主管部门。

4. 对汛前、汛后检查工作要编制定期检查报告和工作总结。专项检查可参照定期检查填写特别检查表，编制检查报告。

5. 对上级检查组提出的整改意见和建议，管理单位要限期落实整改到位，并及时上报整改情况。

6. 定期检查和专项检查报告要报送上级主管部门。

7. 应分类建立各类检查台账资料，归档保存。

（五）台账资料

台账资料包括经常检查表、定期检查报告、特别检查报告等。部分表格参照附录 B。

三、工程评级流程

（一）适用范围

适用于水闸工程评级工作。

（二）工作职责

1. 管理单位每 2 年要组织对机电设备进行评级。

2. 管理单位应成立评级工作小组，制定评级方案、明确评级范围和标准；评级完成后，进行总结。

（三）工作流程

工程评级流程一般包括成立工作小组、制定方案、管理单位评定，报上级主管部门认定、批复，对工程缺陷提出处置意见，工作总结，资料整理归档等。

工程评级参考流程如图 5-7 所示。

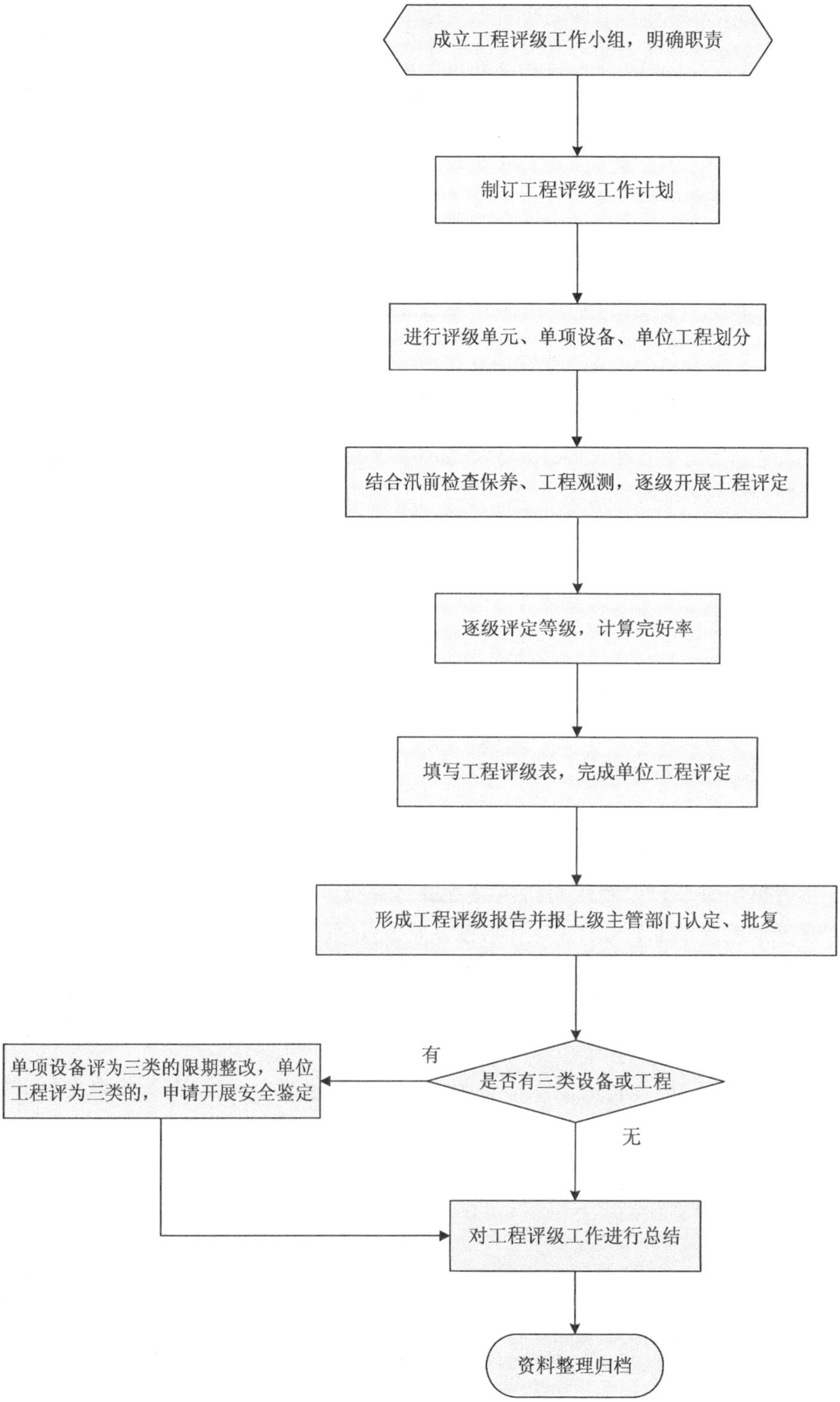

图 5-7　工程评级参考流程图

（四）注意事项

1. 设备大修时，应结合大修进行全面评级；非大修年份应结合设备运行状况和维护保养情况进行相应的评级。

2. 评级单元、单项设备、单位工程的划分应准确、合理。

3. 管理单位应编写设备评定报告，主要包括工程概况、评定范围、评定工作开展情况、评定结果、存在问题与措施、设备评级表。

（五）台账资料

台账资料包括设备评级表、工程评级总结等。部分表格参照附录 C。

四、工程观测流程

（一）适用范围

适用于水闸工程观测、观测资料整编及观测数据的分析。

（二）工作职责

1. 管理单位要按照上级批复的观测任务书组织开展工程观测工作。

2. 管理单位要安排专人负责观测工作，定期对工程进行观测。较复杂的观测任务，应根据工作需要，配备技术负责人、技术人员及其他配合人员进行观测工作。必要时可委托有资质的专业单位承担观测工作。

3. 观测人员要熟悉工程情况，掌握观测技术，对观测设备定期检查，确保其性能良好，随时可以投入使用。

4. 对观测结果由观测人员进行计算、校核、分析、汇编，单位负责人或技术负责人组织进行初审后报上级主管部门。

（三）工作流程

工程观测流程一般包括观测任务书编制和批复、开展各类观测工作、资料计算整理、观测成果分析、成果上报主管部门、资料整编、资料审查、资料装订归档等。

1. 工程观测参考流程如图 5-8 所示。

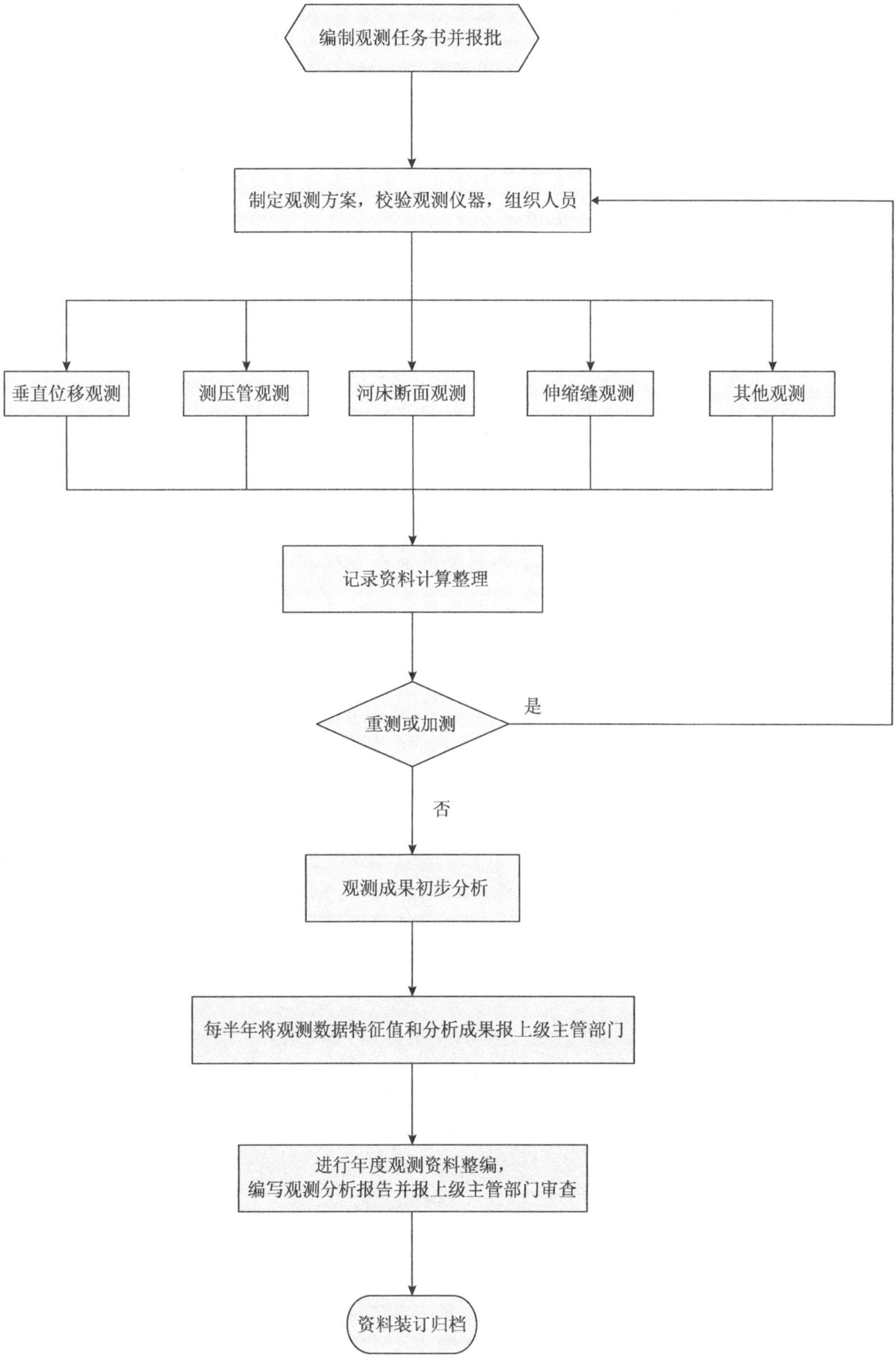

图 5-8　工程观测参考流程图

2. 垂直位移观测参考流程如图 5-9 所示。

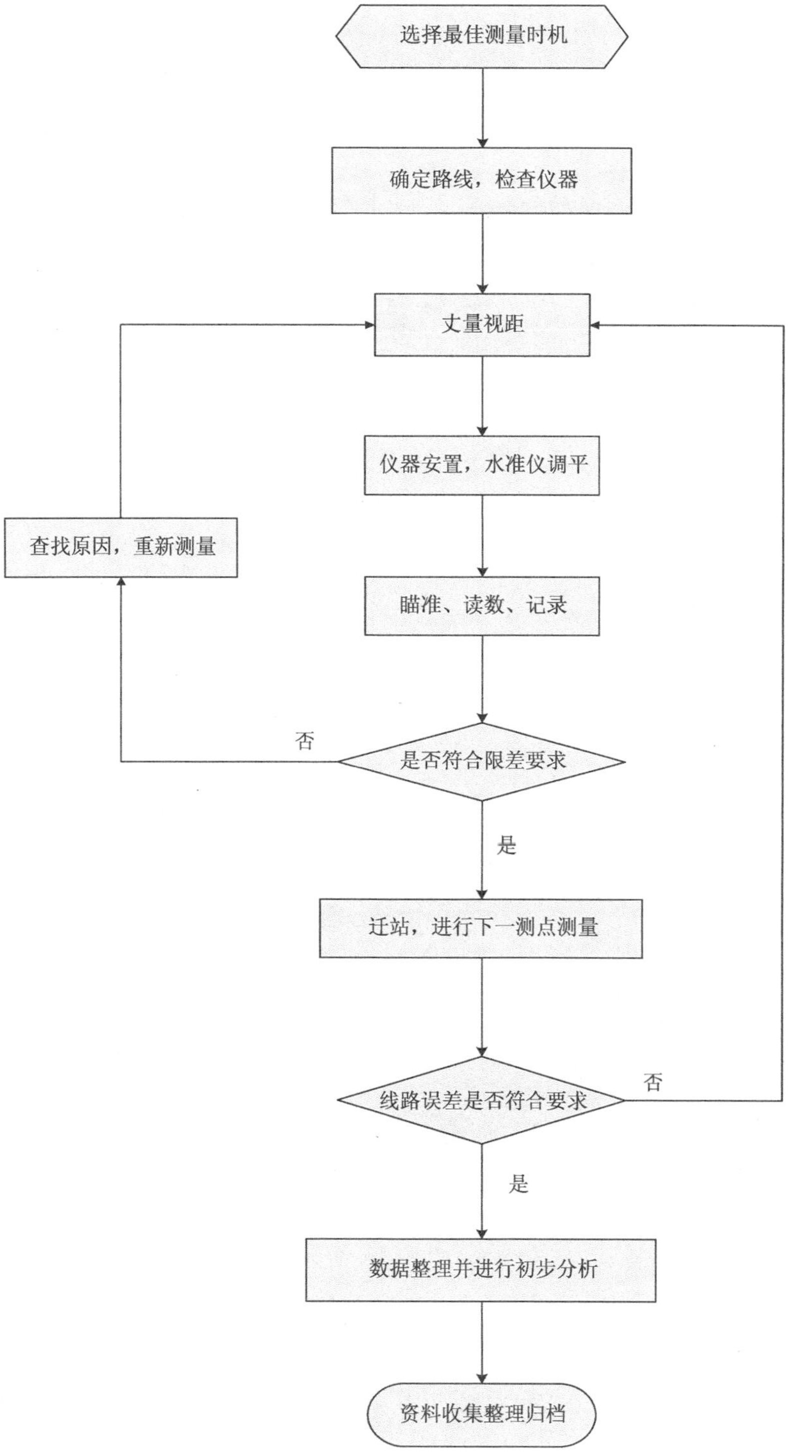

图 5-9 垂直位移观测参考流程图

3. 测压管观测参考流程如图 5-10 所示。

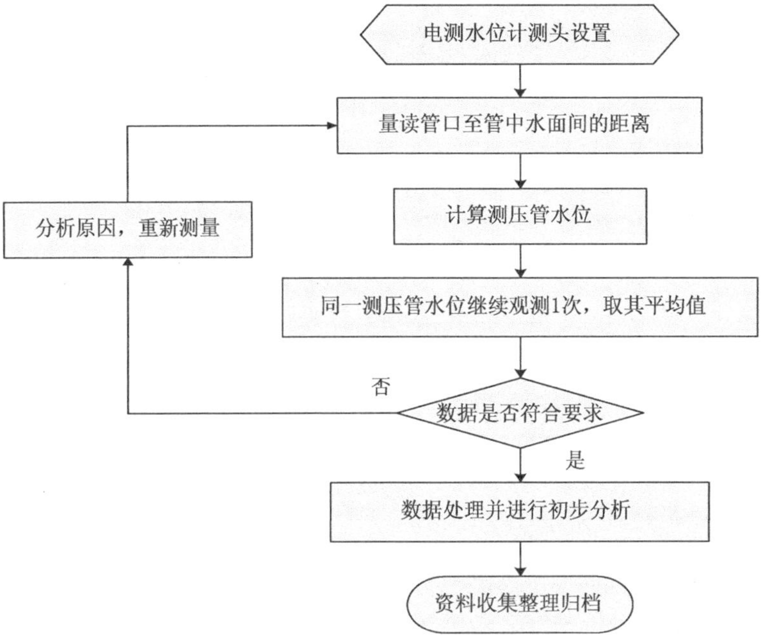

图 5-10　测压管观测参考流程图

4. 河床断面观测参考流程如图 5-11 所示。

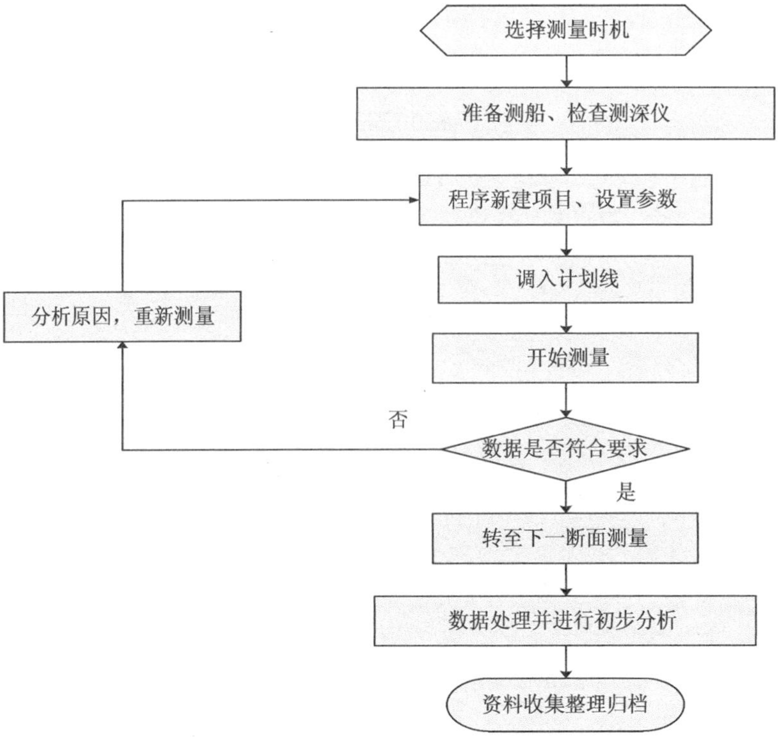

图 5-11　河床断面观测参考流程图

（四）注意事项

1. 根据工程的结构布局、地基土质、已有的观测设施、观测手段和工程控制运用中存在的主要问题等提出观测项目的初步意见，报上级主管部门审批。

2. 观测工作应保持系统性和连续性，按照规定的项目、测次和时间进行现场观测。

3. 观测设备均应符合国家或部颁的现行技术标准，相关检测资料齐全。

4. 垂直位移观测应选择合适的时间，日出后与日落前 30 min 内、太阳中天前后各约 2h 内、标尺分划线的影像跳动而难于照准时、气温突变时、风力过大而使标尺与仪器不能稳定时，不得进行观测。

5. 如因工程维修或施工需要移动垂直位移观测标点时，应在原标点附近埋设新点，对新标点进行考证。

6. 观测成果与以往成果比较，变化规律、趋势应合理。

7. 年底应对本年度观测资料进行整编，并将整编成果报上级主管部门审查。

8. 对发现的问题要落实处理措施，制定的应急预案要针对具体问题，可操作性要强。

（五）台账资料

台账资料包括垂直位移观测记录资料、测压管水位观测记录资料、河道断面观测记录资料、伸缩缝观测记录资料、工程观测总结、裂缝观测资料、工程运用情况统计表、水位统计表、流量统计表、引排水统计表、工程大事记等。部分表格参照附录 D。

五、维修养护流程

（一）适用范围

适用于水闸维修养护的项目管理和养护、维修。

（二）工作职责

1. 维修养护项目实行统一管理、分级负责的原则。管理单位对维修养护项目组织实施全过程进行专业化的管理。

2. 管理单位应加强对所管工程建筑物、机电设备及附属设施等的检查，根据发现的问题编制维修养护计划，报上级批准后组织实施，并接受上级主管部门的督查指导。

3. 项目管理单位主要负责人为项目第一责任人，按工程维修养护管理办法全面负责项目实施的质量、安全、经费、工期、资料档案管理。

4. 项目管理单位主要职责为：编制上报季度养护计划、组织实施养护项目；编制上报年度维修项目；提交开工、验收申请报告；向项目实施单位支付资金；负责项目施工质量、进度、资金以及安全管理；负责及时填写与整编项目管理卡。

（三）工作流程

流程一般包括分析运行资料、检查资料，编制维修养护项目及计划，项目计划批复，组织实施，填写实施记录，完成项目管理卡，上报资料，台账整理等。

1. 工程养护项目管理参考流程如图 5-12 所示。

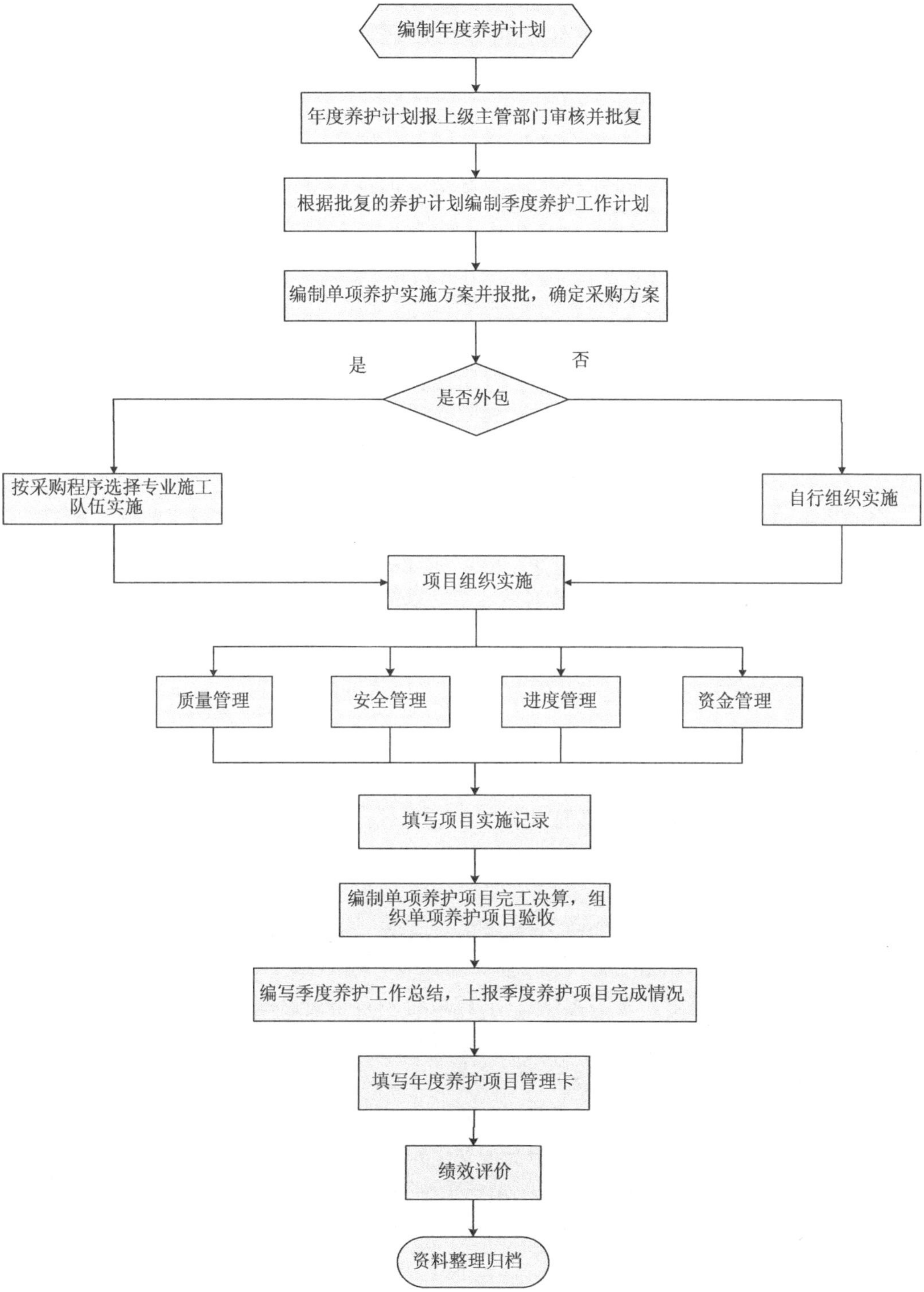

图 5-12　工程养护项目管理参考流程图

2. 工程维修项目管理参考流程如图 5-13 所示。

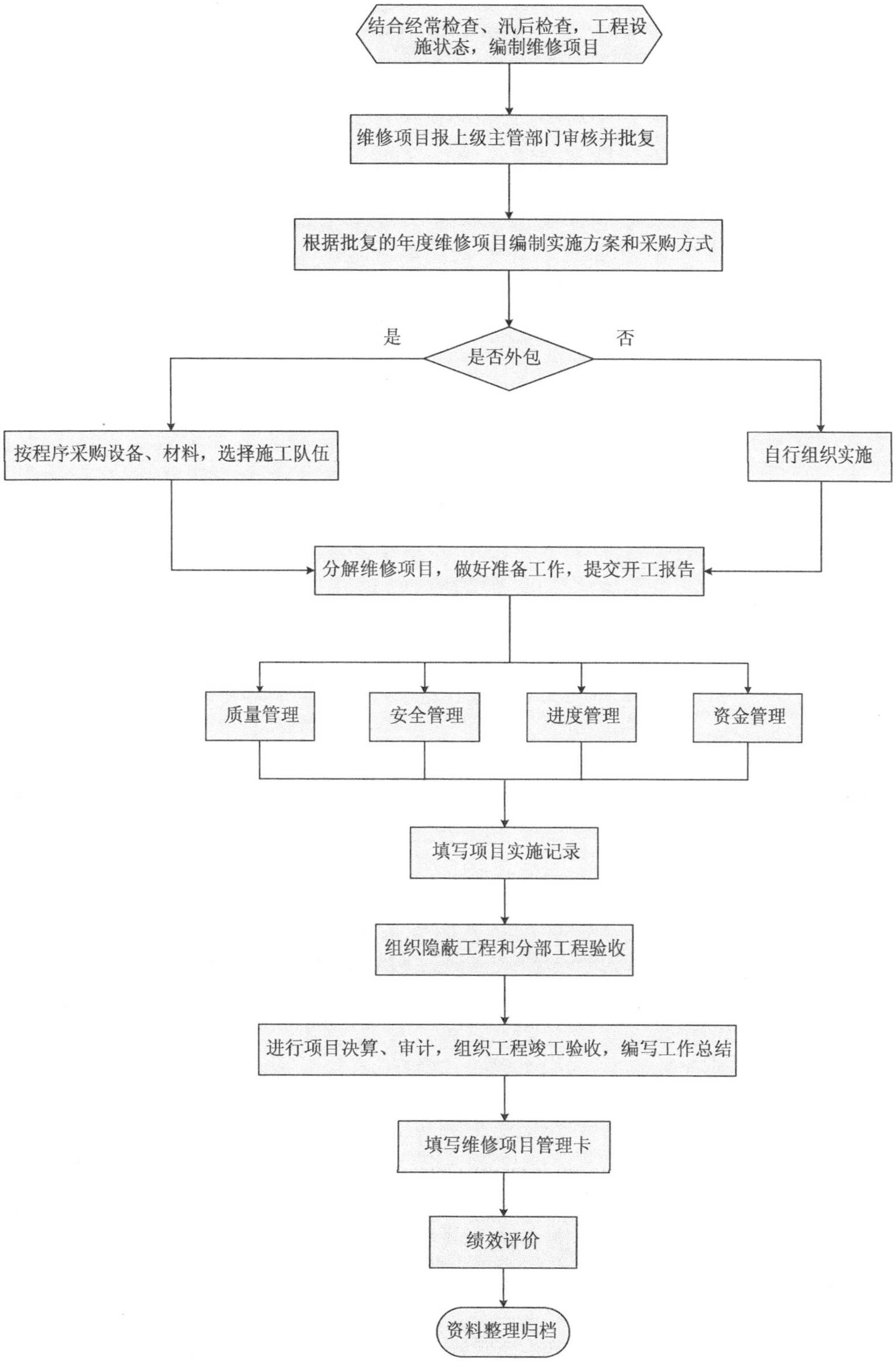

图 5-13　工程维修项目管理参考流程图

3. 启闭机大修参考流程如图 5-14 所示。

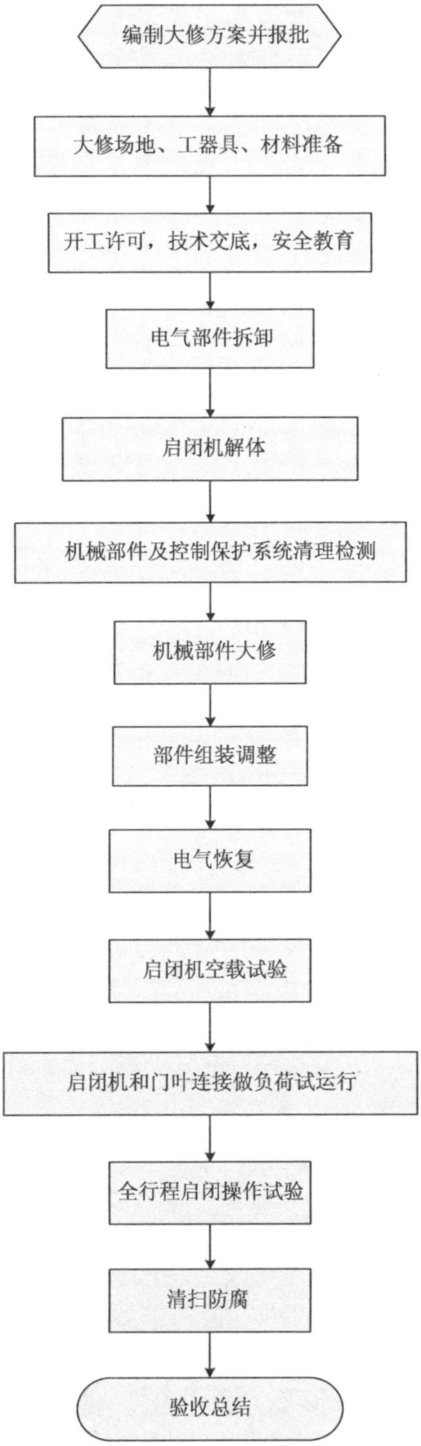

图 5-14　启闭机大修参考流程图

(四) 注意事项

1. 维修养护项目实施实行项目负责制、合同管理制、开工备案制、竣工验收制等制度。

2. 管理单位应成立专门的项目管理工作组，对项目实施的进度、质量、安全、经费及资料档案进行管理，并填写项目管理卡。

3. 管理单位应强化项目过程控制，开展工程质量、进度、安全、资金、档案等方面的跟踪和督查。

4. 工程维修保养结束后，管理单位要将相关技术资料进行整理、归档，填写设备管理卡，对存在的设备缺陷，还应填入设备缺陷登记卡。

(五) 台账资料

台账资料包括工程保养、检修记录，设备登记卡，设备缺陷登记卡，启闭机大修报告书，变压器大修报告书，电气设备、闸门大修总结报告，维修项目管理卡，养护项目管理卡等。部分表格参照附录E。

六、安全生产流程

(一) 适用范围

适用于水闸安全生产检查、突发事件应急处置、危险源辨识和风险评价、注册登记及安全鉴定等工作。

(二) 工作职责

1. 管理单位应健全安全组织网络，职责明确，制度健全，推进标准化建设。

2. 管理单位应严格执行安全生产管理法规，按照要求开展安全生产活动。

3. 根据相关要求，组织开展汛前和汛后安全检查、重大节日安全检查以及其他专项安全检查等。

4. 组织开展安全生产宣传教育活动，对新职工进行“三级教育”。

5. 按照安全管理要求落实好各类安全措施，开展安全隐患排查和专项整治，确保安全设施完好，及时消除安全隐患。

6. 成立应急处置组织机构，建立应急抢险队伍，并加强单位、部门间的协作，有效应对各类突发事件。

7. 规范特种设备和特种作业人员的管理，做到设备定期检测合格，人员持证上岗。

8. 按照规定及时组织开展工程注册登记、安全鉴定。

(三) 工作流程

1. 安全检查流程一般包括制订安全生产检查计划、开展安全生产检查活动、填写检查记录、发现问题及落实整改措施、形成书面报告、检查资料归档等。

安全检查参考流程如图 5-15 所示。

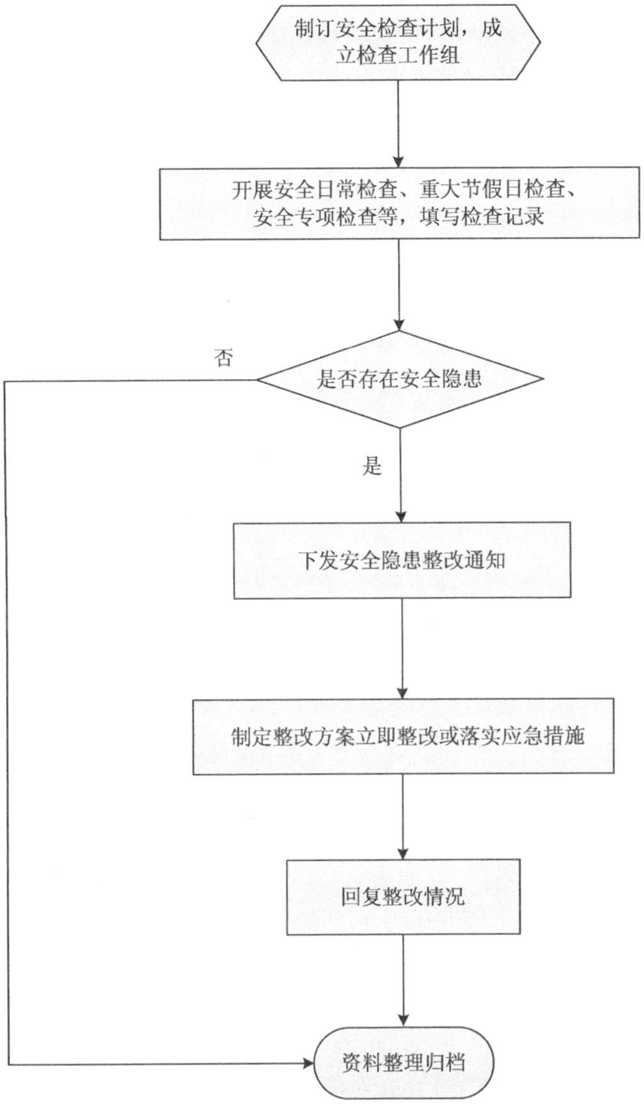

图 5-15　安全检查参考流程图

2. 险情处置流程一般包括确认事件性质、启动应急预案、事件处置、总结经验教训、资料收集整理等。

险情处置参考流程如图 5-16 所示。

3. 危险源辨识和风险评价流程一般包括制定工作方案、现场辨识、重大危险源辨识、一般危险源风险评价、建立专项档案、形成危险源辨识和风险评价报告并上报、资料整理归档等。

危险源辨识和风险评价参考流程如图 5-17 所示。

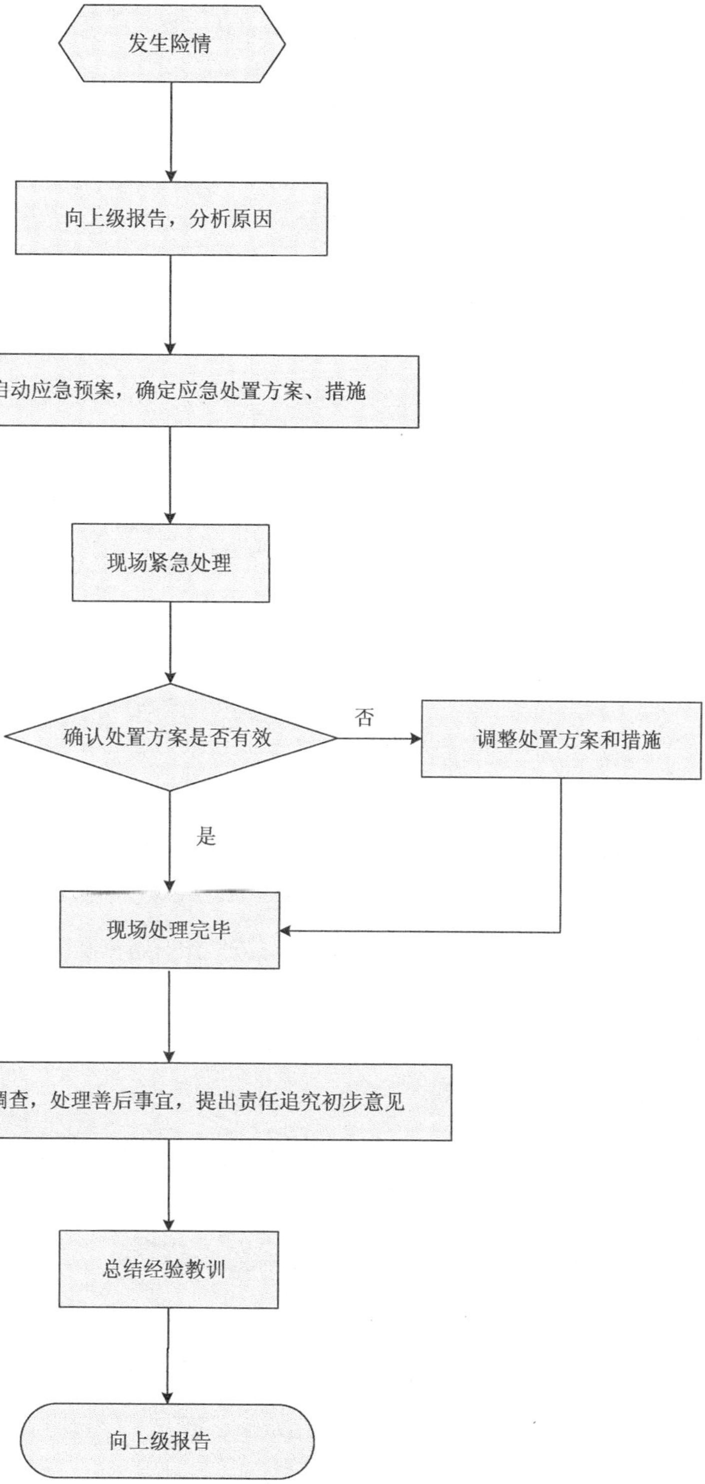

图 5-16 险情处置参考流程图

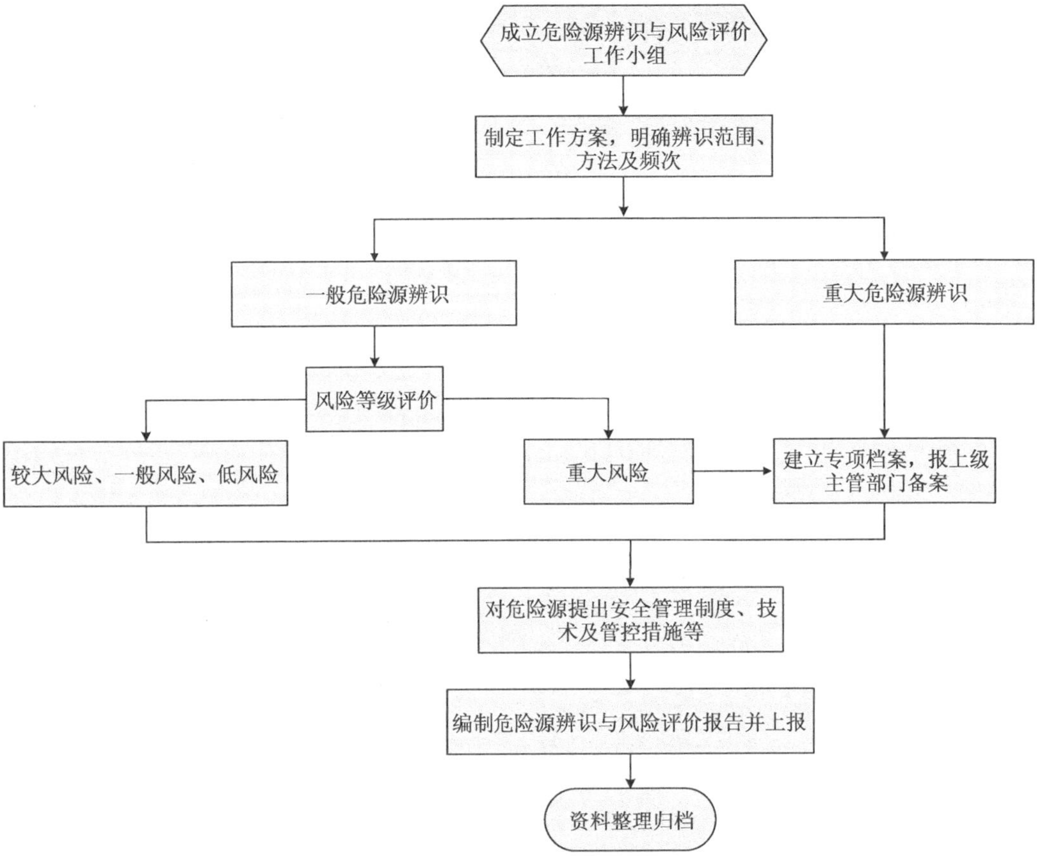

图 5-17　危险源辨识和风险评价参考流程图

4. 注册登记流程一般包括申报、审核发证、变更、打印明示等。注册登记参考流程如图 5-18 所示。

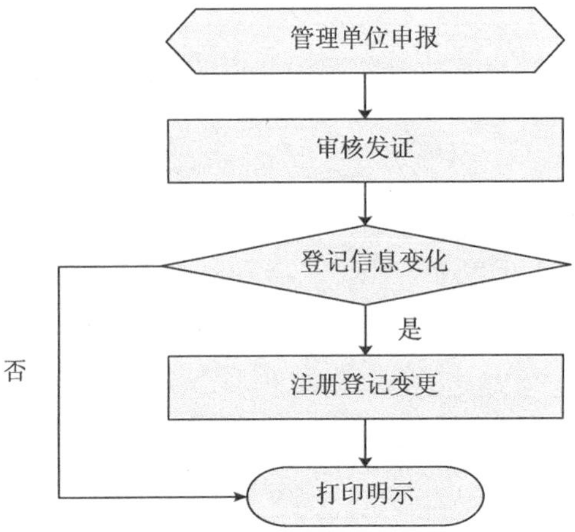

图 5-18　注册登记参考流程图

5. 安全鉴定流程一般包括制订计划、现场检查、安全检测、安全复核计算分析、安全评价、形成安全鉴定报告书、成果报批、资料整理归档等。

安全鉴定参考流程如图 5-19 所示。

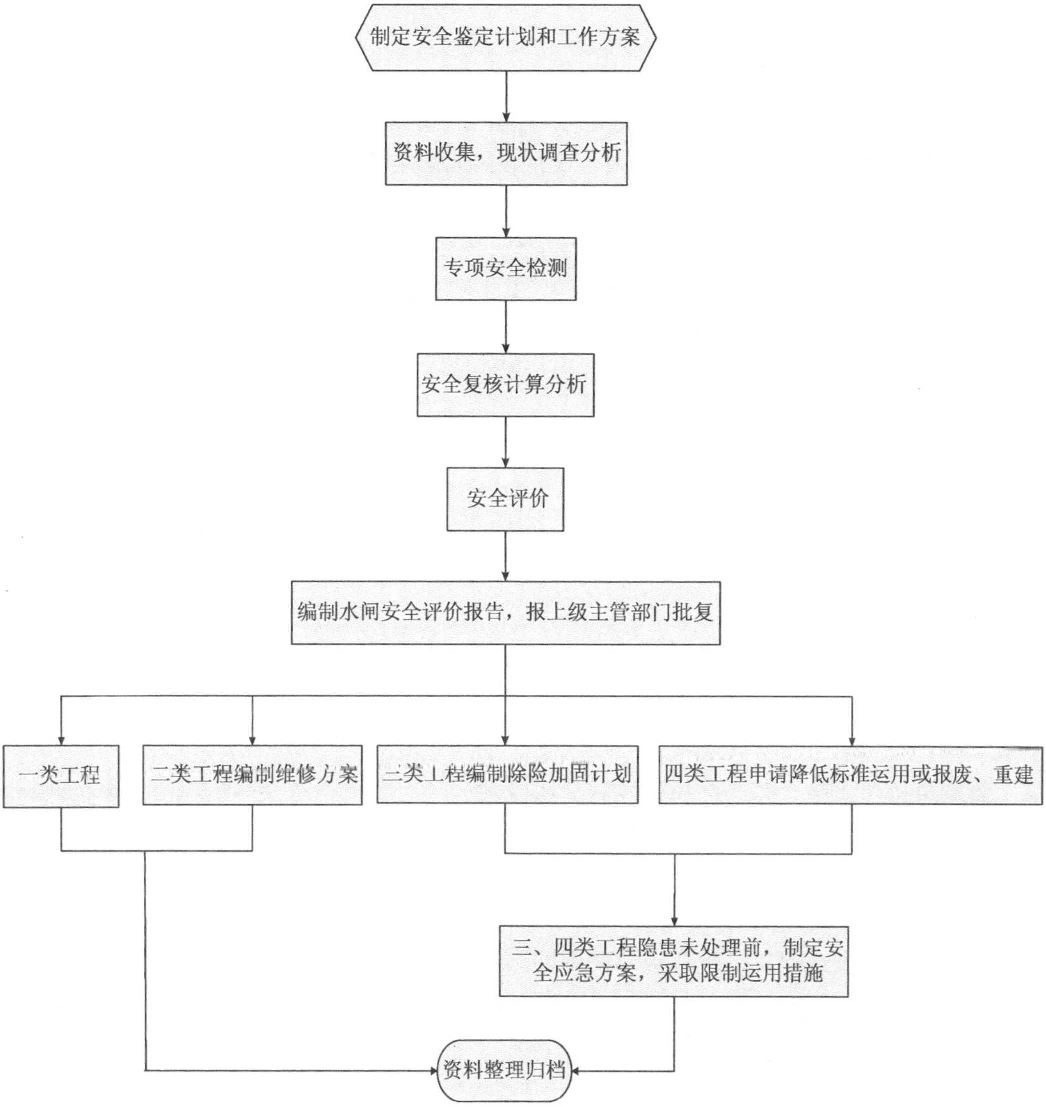

图 5-19　安全鉴定参考流程图

（四）注意事项

1. 安全生产日常检查每月应开展 1 次，对检查中发现的不安全因素应及时解决。

2. 元旦、春节、五一、国庆、中秋等重大节假日及安全生产月期间组织开展安全生产大检查活动，重点检查工程安全运行、防火防盗、交通、卫生等。

3. 夏季及冬季应做好专项检查工作，夏季重点检查防汛工作、食堂卫生及防暑降温工作开展情况，易燃易爆物品的管理等；冬季重点做好防火防盗、防冻防凌及冰雪天气交通安全管理等。

4. 工程运行期间应重点加强工程设施的检查、“两票三制”执行情况的检查及值班管理制度执行情况的检查等。

5. 管理单位应结合单位实际，根据工程运行情况和管理特点，科学、系统、全面地开展危险源辨识与风险评价，对重大危险源和风险等级为重大的一般危险源应建立专项档案，并报上级主管部门备案。

6. 工程施工作业应成立安全管理小组，配备专(兼)职安全员。与相关方签订安全生产协议，开展专项安全知识培训和安全技术交底，检查落实安全措施，规范作业行为。

7. 安全应急预案或专项应急预案每年应至少组织 1 次演练，现场处置方案每半年应至少组织 1 次演练，有演练记录。

（五）台账资料

台账资料包括安全生产检查记录、安全会议记录、危险源辨识与风险评价资料、隐患整改记录、检查总结、安全标准化建设台账资料、安全鉴定资料等。部分表格参照附录 F。

七、制度管理流程

（一）适用范围

适用于水闸管理单位制度管理工作。

（二）工作职责

管理单位建立健全并严格执行控制运用、检查评级、工程观测、维修养护、安全生产等相关工作制度，按照制度管人管事，不断完善制度体系。

（三）工作流程

制度管理流程一般包括各类规章制度的制定、培训、执行、评估、持续改进等工作。

制度管理参考流程如图 5-20 所示。

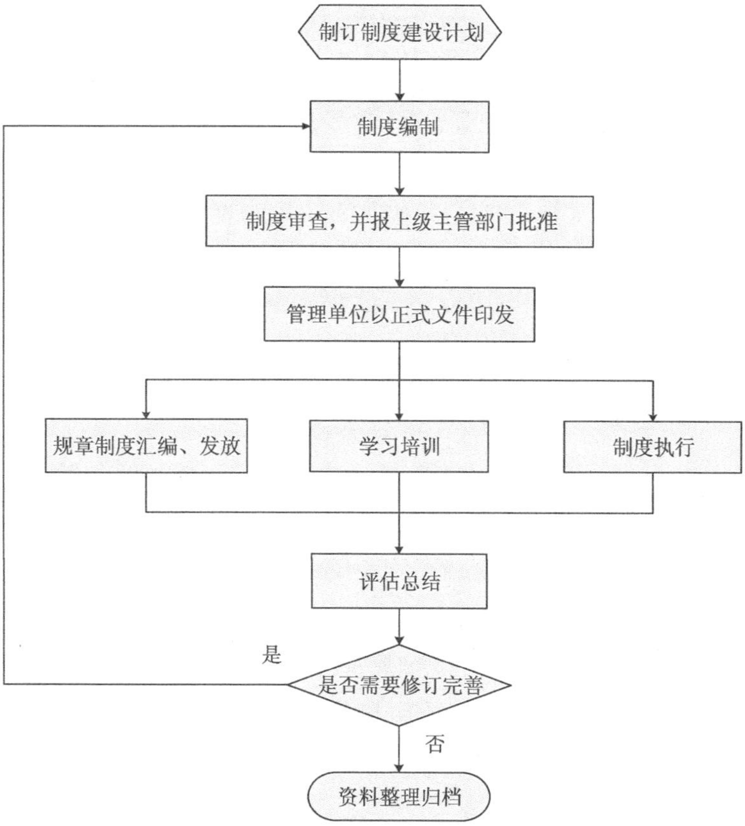

图 5-20　制度管理参考流程图

（四）注意事项

1. 下级制度不得与上级制度相抵触，与同级有关制度规章相协调。

2. 制度要切合实际，力求完整，形成体系。合理性、针对性和可操作性要强。

3. 文字表达应准确、简明、易懂、逻辑严谨，制度术语、符号、代号应统一，并与其他的相关管理制度相适应。

4. 应加强对制度适用性、有效性和执行情况的检查评估，及时修订完善，并持续改进。

（五）台账资料

台账资料包括规章制度汇编、学习培训资料、评估资料、修订记录等。

八、档案管理流程

（一）适用范围

适用于水闸管理单位档案资料收集、整理、归档等工作。

（二）工作职责

1. 管理单位应配备专人负责档案管理工作

2. 年底将本年度所有的试验记录、运行记录、检修记录等装订成册，保证资料的完整性、正确性、规范性。

3. 人员变动时应按目录移交资料，并在清单上签字，同时得到单位领导认可，不得随意带走或散失。

（三）工作流程

档案管理流程一般包括档案归档、档案保管、档案借阅等。

档案管理参考流程如图 5-21 所示。

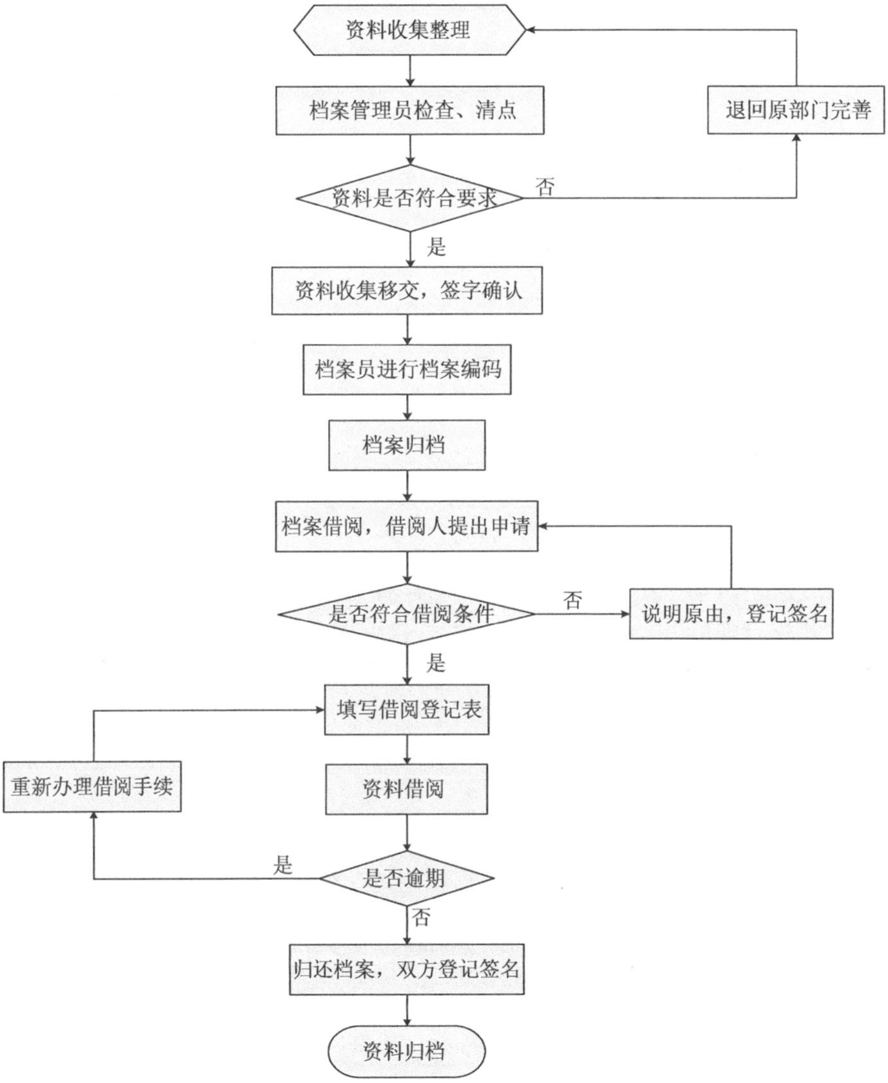

图 5-21　档案管理参考流程图

(四) 注意事项

1. 归档的科技文件,须由文件形成单位或部门,指定专人进行收集整理后,按规定移交或自行归档。

2. 对已接收或整理后的科技档案,本着便于保管、方便利用的原则,进行分类、编目、登记,放置在专门的档案柜内,应做到排列整齐有序,并由专人保管。

3. 建立健全科技档案借阅、登记制度。档案借阅时需办理借阅登记手续,填写借阅登记表。

4. 建立健全科技档案鉴定、销毁制度。

(五) 台账资料

台账资料包括全引目录、案卷目录、档案借阅记录、档案销毁记录、档案室温/湿度记录等。部分表格参照附录G。

九、水政管理流程

(一) 适用范围

适用于水闸管理单位水行政执法巡查、涉水项目监管等。

(二) 工作职责

1. 管理单位要建立水行政管理部门和专职水政监察队伍,负责本单位水行政管理工作,管理单位负责对水政监察队伍的执法巡查情况进行监督检查。

2. 水行政执法人员主要对水工程、水域、河道堤防等进行检查,重点检查是否存在危害水工程安全、破坏或者擅自占用水域或河道堤防、超范围或者未按许可实施涉水建设项目、破坏水资源等违法行为。

3. 巡查采用日常巡查与重点巡查相结合的方式。可根据各类水事行为的特点设定巡查频次,对已经发生或者极易发生水事违法行为的重点区域应当增加巡查次数,必要时可开展联合执法巡查。

4. 巡查人员对水事活动实施检查,应主动出示执法证件,严格按照法定权限和程序办事。

5. 对巡查中发现的各类水事违法行为应及时处理。对特别紧急的水事违法案件应及时报上级主管部门。重大水事案件应当逐级上报。

6. 执法巡查中要加强水法规宣传,做到巡查和宣传相结合。

(三) 工作流程

1. 水政巡查流程一般包括制定方案、明确巡查人员、实施巡查、违法行为处理和巡查记录整理归档等。

水政巡查参考流程如图5-22所示。

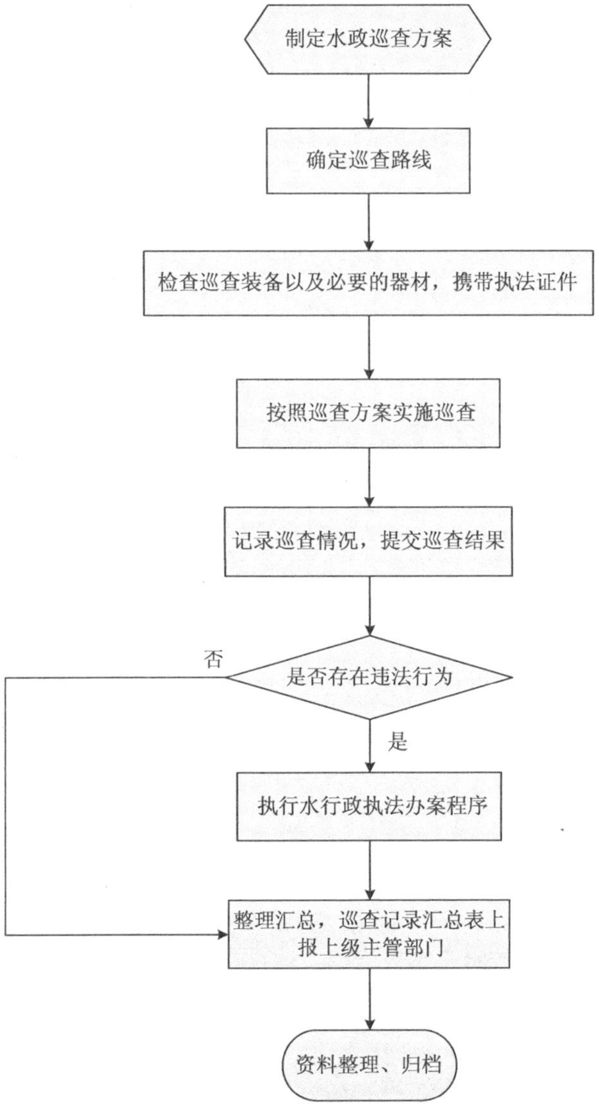

图 5-22　水政巡查参考流程图

2. 涉水建设项目监管流程一般包括建设项目初审、转报审批、实施检查监督、对超过许可的建设行为进行处理，资料整理归档等。

涉水建设项目监管参考流程如图 5-23 所示。

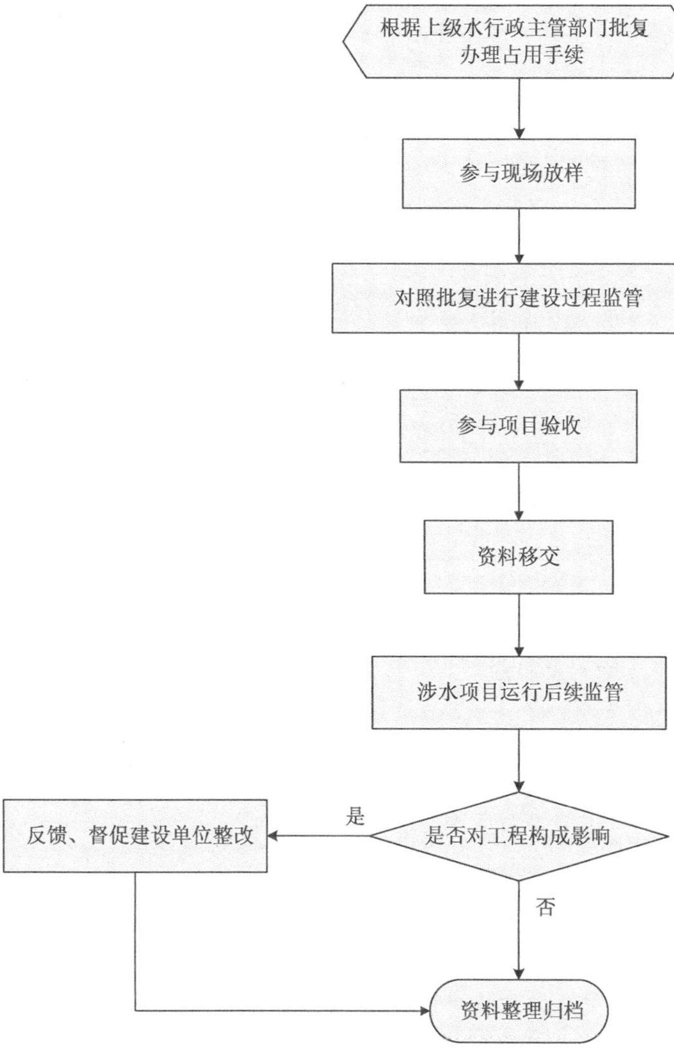

图 5-23　涉水建设项目监管参考流程图

（四）注意事项

1. 应制定年度巡查方案，包括巡查范围、内容、频次、路线、要求、责任人和相关责任等。

2. 执法巡查不得少于 2 人，巡查时要携带执法证件、执法记录仪、调查取证工具、通信工具和必要的空白执法文书等。

3. 执法人员在巡查过程中应注意对现场情况的记录，必要时采取拍照、摄像的方式记录现场情况，并将现场图片反映到巡查记录中。发现违法水事行为应注意及时收集证据，严格遵守水法律法规的程序规定进行现场调查和勘验。

4. 执法人员对巡查中发现的各类水事违法案件应及时处理。对于一般性问题，应当场制止，责令其整改。

5. 执法巡查应建立台账，巡查人员应及时填写巡查记录，详细说明巡查人员、路线、内容、发现的问题及处理情况等。执法部门应指定专人负责执法数据的统计和上报工作。

（五）台账资料

台账资料包括执法巡查记录、建设项目管理情况统计表、水行政执法巡查月报、宣传安全标牌检查维护记录表等。部分表格参照附录 H。

第二节　作业指导书

编制作业指导书的目的是帮助管理人员全面快速地了解某项工作的业务知识和管理要求，指导工作规范开展。作业指导书编制坚持“一闸一事一册”，要以单座工程为单位，对工程控制运用、工程检查、工程观测、工程维修养护等典型工作编制作业指导书，也可将典型工作分解细化成若干个相对独立的分项工作，分别编制相应的作业指导书，并根据实际需求不断向其他工作拓展延伸。作业指导书应按规定的程序审核。

一、作业指导书编制参考要点

作业指导书要体现全过程管理的思想，明确单项工作实施过程中的作业任务及职责分工、标准要求、作业流程及方法步骤、注意事项、资料台账等，以工作流程为主线集合成作业指导文件。对单项工作涉及的内容要全面具体，尽量数字化、图表化，文字简练、格式统一。作业指导书具体章节可结合实际工作编排。

1. 适用范围。要明确本项作业指导书适用的具体工程、具体工作。

2. 编制依据。要说明本项作业指导书编制参考的相关标准、办法、制度、设计文件等。要列出参考依据的技术文件名称及编号或发布时间等。

3. 基本情况。要说明工程的基本概况，包括规划建设、管理、加固改造、作用、效益等，重点说明与本项作业相关的工程情况、技术参数、特征值、管理特点及特定要求等。

4. 管理任务。说明本项作业涉及的工作任务、具体内容、时间频次等，同时，要明确本项作业的职责分工、责任主体，以及如何组织实施，让管理者明白工作职责所在。

5. 管理标准。工作标准和相关技术要求是开展本项作业的重要依据，作业指导书应将标准要求体现在作业全过程之中，并进行细化、量化。

6. 管理流程。结合本项作业从开始到结束全过程涉及的分项工作、作业环节及程序，明确本项作业的主要流程，绘制流程图。同时，要与流程图相对应，详细说明本项作业的工作方法和步骤，尽量以图文并茂的方式表述。

7. 管理制度。要说明本项作业应遵循的规章制度、操作规程等。

8. 注意事项。要重点说明本项作业过程中需要注意的相关事项和处置措施，尤其是涉及运行安全、个性化管理要求的要特别说明。注意事项可以在不同工作环节或步骤中分别说明。

9. 台账资料。要明确本项作业需要形成的相关台账资料、格式要求，以及整理归档的要求等。

二、典型工作作业指导书参考大纲

水闸工程一般以单座工程为单位，对工程控制运用、工程检查、工程观测、工程维修养护等单项工作编制作业指导书，也可将典型工作分解细化，分别编制相应的作业指导书，并根据实际需求不断向其他工作拓展。

（一）控制运用作业指导书

1. 适用范围

控制运用作业指导书用于指导水闸工程调度管理、运行操作、运行值班管理等全过程管理。

2. 编制依据

本作业指导书编制的主要依据是与控制运用相关的水闸管理规程、水闸运行管理规程以及本闸技术管理细则、规章制度与操作规程、工程设计文件等。要列出参考依据的技术文件名称及编号或发布时间等。

3. 基本情况

工程基本情况包括水闸建成时间、工程规模、主要高程、启闭机型号、设计流量、加固改造情况等；工程设计指标及主要设备技术参数以图表形式表达。与控制运用相关的情况要特别说明。

4. 工作任务及职责分工

控制运用的工作任务主要包括调度管理、设备操作和运行值班。

（1）调度管理主要说明控制运用方案和调度指令执行的具体要求。

（2）设备操作主要说明闸门启闭时所进行的操作内容。

（3）运行值班主要明确值班人员的分工及岗位职责。

5. 控制运用要求

参照控制运用工作标准相关内容，主要说明控制原则、调度指令执行要求、闸门启闭要求等。

6. 闸门启闭操作流程及步骤

闸门启闭操作步骤要详细具体、表述清晰，可采用现场实物图片配以文字说明的方式描述，疏理说明运行操作流程，绘制流程图。

（1）操作步骤主要包括闸门启闭前的准备工作、操作控制系统的供电方式、闸门启闭动力电源送电操作步骤、柴油发电机组运行操作规定及步骤、闸门现场启闭操作步骤、闸门远程控制操作步骤。

（2）结合启闭操作的顺序，详细说明每一步操作的设备，以及按钮、开关的位置。

（3）对操作过程中需要特别注意的事项，可在相应的操作步骤下方详细注明。

7. 运行巡查

水闸运行期间，详细说明水闸建筑物各部位、闸门、启闭机、机电设备、观测设施、通信设施、管理设施及管理范围内的河道、堤防和水流形态巡查的时间、路线、内容、要求和注意事项。

8. 运行值班

(1) 应详细规定运行值班相关要求和运行值班纪律要求。

(2) 明确交接班的相关内容和注意事项。

(3) 规定运行值班场所运行资料、运行记录等的记录管理要求和值班场所环境卫生要求。

(4) 说明重要操作、事故处理等特殊情况下的交接班要求。

9. 管理制度

说明控制运用应遵循的规章制度、操作规程等，主要有：调度管理制度、操作票制度、运行值班制度、交接班制度、计算机监控系统管理制度、闸门启闭操作规程、配电设备操作规程、柴油发电机组操作规程等。具体内容参照管理制度章节。

10. 台账资料

明确调度记录、启闭记录、值班记录等的要求和内容。

(二) 工程检查作业指导书

1. 适用范围

工程检查作业指导书用以指导水闸管理单位开展各类工程检查工作。

2. 编制依据

本作业指导书编制的主要依据是与工程检查相关的水闸管理规程、水闸运行管理规程以及本闸技术管理细则、规章制度、工程设计文件等，要列出参考依据的技术文件名称及编号或发布时间等。

3. 基本情况

工程基本情况介绍一般包括水闸建成时间、工程规模、主要高程、启闭机型号、设计流量、加固改造情况等；工程设计指标及主要设备技术参数以图表形式表达展示。

4. 工作任务及职责分工

水闸工程检查主要分为日常检查、定期检查和专项检查，说明每项检查的时间频次、检查项目的主要内容和侧重点，并明确各类检查的责任人和岗位职责。

5. 日常检查

日常检查包括日常巡查和经常检查，分别说明检查要求、检查周期、检查流程、巡视检查路线和检查内容等。

(1) 日常检查的要求参照工程检查工作标准的相关内容，明确检查工作如何开展，以及问题如何处理等要求。

(2) 日常检查周期参照相应的管理标准确定，与工作任务相对应。

(3) 日常检查流程反映从开始组织到检查结束以及结果处理、台账资料管理等全过程的工作环节，绘制流程图，流程可从责任主体、检查的步骤、相关的记录资料等方面进行编制。

(4) 检查线路应根据工程及管理范围实际情况设计。按工程布置设计巡视检查线路；巡视路线能涵盖管理范围内的工程建筑物、闸门、机电设备，线路尽可能简捷，无重复或少重复。

(5) 日常检查内容主要包括混凝土、块石护坡、伸缩缝、拦河设施、闸门、启闭机、电气设备、观测设施、管理设施、通信设施、管理范围内违章建筑、工程环境、流态、水体等。应按照日常巡查、经常检查的侧重点分别详细说明检查内容、合格标准、注意事项等。

6. 定期检查

定期检查主要是汛前检查、汛后检查、水下检查、试验检测等，分别说明检查要求、检查流程、检查内容等。

(1) 定期检查的要求可参照定期检查工作标准，分别明确检查工作如何开展，以及问题如何处理等要求。

(2) 定期检查流程，反映检查工作如何组织与实施、结果处理以及接受上级检查、问题整改、台账资料管理等全过程的工作环节，绘制流程图。

(3) 定期检查内容主要包括土石方工程、混凝土工程、闸门、启闭机、电气设备、电动葫芦、标志标识等，应详细说明检查内容、合格标准等。

7. 专项检查

专项检查主要包括检查要求、检查流程和检查内容。

专项检查是针对工程遭受的异常情况或突发事件开展的有侧重点的检查，分别说明检查要求、检查流程和检查内容等。可参照定期检查的相关内容和要求编制。

8. 管理制度

本项作业应遵循的工程检查制度具体参照管理制度章节。

9. 台账资料

台账资料包括日常巡查记录、定期检查记录、定期检查汇总表、水下检查记录表、定期检查报告、特别检查报告等。

（三）工程观测作业指导书

1. 适用范围

工程观测作业指导书用以指导开展水闸各类工程观测工作。

2. 编制依据

本作业指导书编制的主要依据是与工程观测相关的水闸管理规程、水闸观测规程以及本闸技术管理细则、规章制度、工程设计文件等，要列出参考依据的技术文件名称及编号或发布时间等。

3. 基本情况

工程基本情况介绍一般包括水闸建成时间、工程规模、主要高程、启闭机型号、设计流量、加固改造情况等；工程设计指标及主要设备技术参数以图表形式进行展示。

4. 工作任务及职责分工

水闸工程观测任务主要包括垂直位移观测、测压管水位观测、引河河床变形观测、建筑物伸缩缝观测和其他观测等。应说明每项观测的时间频次、外业测量、记录复核、分析汇总、资料整理和特别要求等，并明确各类观测的组织分工、具体观测人员的职责。

5. 总体要求

应规定对所有观测项目通用的要求，主要包括人员、设备、记录、分析等。

6. 垂直位移观测

垂直位移观测的主要内容包括一般要求、操作流程及步骤、资料整理及初步分析等。

(1) 一般要求应说明本工程垂直位移观测时间和测次、测量精度、工作基点的引用等，并绘制观测标点布置图。

(2) 操作流程主要包括检查校验观测设备，确定观测路线，电子水准仪的安置、粗平、瞄准、读数等环节，绘制流程图。操作步骤与流程各环节相对应，可采用现场测量图片配以文字说明的方式描述，对相关注意事项要同步说明。

(3) 观测外业工作结束后，应及时对成果进行计算、校核，要明确测量的限差、需填写的图表以及初步分析的要求。

7. 测压管水位观测

测压管水位观测的主要内容包括一般要求、操作流程及步骤、资料整理及初步分析等。

(1) 一般要求应说明观测时间和测次、观测方法与要求、测量精度，并绘制测点平面分布布置图。

(2) 操作流程主要包括测头设置、量读管口至水面的距离、计算测压管水位等环节，同时记录上下游水位，绘制流程图。操作步骤与流程各环节相对应，可采用现场测量图片配以文字说明方式描述，对相关注意事项要同步说明。

(3) 观测外业工作结束后，应及时对成果进行计算、校核，要明确需填写的图表以及初步分析的要求。

8. 引河河床变形观测

引河河床变形观测的主要内容包括一般要求、操作流程及步骤、资料整理及初步分析等。

(1) 一般要求应说明断面桩的数量、布置位置、观测时间和测次、观测方法与要求等，并绘制断面布置图。

(2) 操作流程主要包括检查观测仪器及相关检测资料、新建任务、GPS 及测深仪的参数设置、调入计划线、开始测量、数据导出等环节，绘制流程图。操作步骤与流程各环节相对应，可采用现场测量图片配以文字说明方式描述，对相关注意事项要同步说明。

(3) 观测外业工作结束后，应及时对成果进行计算、校核，要明确测量需填写的图表以及初步分析的要求。

9. 建筑物伸缩缝观测

建筑物伸缩缝的主要内容包括一般要求、操作流程及步骤、资料整理及初步分析等。

(1) 一般要求应说明水闸伸缩缝的数量和布置位置，观测的频次、测量方法以及精度要求。

(2) 操作流程主要包括量读测点之间的距离、计算缝宽等环节，同时记录气温等，绘制流程图。操作步骤与流程各环节相对应，可采用现场测量图片配以文字说明方式描述，对相关注意事项要同步说明。

(3) 观测外业工作结束后，应及时对成果进行计算、校核，要明确测量需填写的图表以及初步分析的要求。

10. 其他观测

其他观测主要包括混凝土碳化深度观测、水文观测、裂缝观测等。

(1) 混凝土碳化深度观测应规定观测时间、测点布置、观测方法及观测后保护措施、观测成果表填制。

(2) 水文观测主要包括水位统计，流量、引(排)水量、降水量统计，工程运用情况统计等，指导手册应详细说明填表规定、精度要求、注意事项等。

(3) 裂缝观测主要包括探坑的布置、标点布置、观测时间、观测图表绘制等。

11. 资料整理

资料整理主要包括资料的计算、校核、审查，资料分析和资料刊印等。

(1) 观测结束后，应及时对观测资料进行计算、校核、审查。应说明一校、二校的内容，明确原始记录的审查要求，并规定资料整理的内容及要求等。

(2) 通过相关参数、相关项目过程线，分析观测成果的变化规律及趋势，编写年度观测成果的初步分析并将资料进行刊印。资料刊印可按照工程基本资料、观测工作说明、垂直位移、测压管水位、河道断面、伸缩缝、其他观测项目和工程运用情况等顺序进行编制。

12. 管理制度

本项作业应遵循的工程观测制度具体参照管理制度章节。

13. 台账资料

台账资料包括观测标点布置示意图、垂直位移工作基点考证表、垂直位移工作基点高程考证表、垂直位移观测标点考证表、垂直位移观测成果表、垂直位移量横断面分布图、垂直位移量变化统计表；测压管位置示意图、测压管考证表、测压管管口高程考证表、测压管注水试验成果表、测压管淤积深度统计表、测压管水位统计表、测压管水位过程线；河床断面桩顶高程考证表、河床断面冲淤量比较表、河床断面比较图、水下地形图；混凝土建筑物裂缝位置图、混凝土建筑物裂缝观测标点考证表、混凝土建筑物裂缝观测成果表；伸缩缝观测标点考证表、伸缩缝观测成果表、伸缩缝宽度与气温过程线、混凝土碳化深度观测成果表；工程运用情况统计表、水位统计表、流量统计表、引(排)水量统计表、降水量统计表、工程大事记、观测工作说明、观测成果的初步分析等。

(四) 维修养护作业指导书

1. 适用范围

维修养护指导书用以指导水闸工程维修养护项目的组织实施和项目管理，以及主要工程设施的维修养护工作。

2. 编制依据

本作业指导书编制的主要依据是与工程维修养护相关的水闸管理规程、水闸检修规程以及本闸技术管理细则、规章制度、工程设计文件等，要列出参考依据的技术文件名称及编号或发布时间等。

3. 基本情况

工程基本情况包括水闸建成时间、工程规模、主要高程、启闭机型号、设计流量、加固改造情况等；工程设计指标及主要设备技术参数以图表形式进行展示。

4. 工作任务及职责分工

水闸工程维修养护主要包括水工建筑物维修养护、管理设施及工程观测设施维修养护、闸门维修养护、启闭机维修养护、电气设备维修养护、自动化系统维修养护等。应说明维修养护及项目管理工作内容，并明确各自的组织分工、人员职责等。

5. 维修养护总体要求

参照维修养护工作标准相关内容，明确维修养护在分类、实施时间、内容及项目管理等方面应遵循的总体要求。

6. 维修养护实施流程

维修养护实施流程主要反映从立项下达，到实施准备、过程管理，以及决算审计、档案管理及验收等全过程的重点环节，绘制流程图。

7. 水工建筑物维修养护

（1）水工建筑物主要包括：土工建筑物、石工建筑物、混凝土工程。

（2）应详细说明水工建筑物维修养护的基本要求、维修养护部位、存在问题、维修养护方法及注意事项。

8. 管理设施及工程观测设施维修养护

（1）管理设施主要包括办公设施、消防设施、管理区道路、工程标牌、生活及辅助设施等。工程观测设施主要包括垂直位移观测设施、断面桩及裂缝、伸缩缝观测标点等。

（2）应详细说明管理设施及工程观测设施维修养护的基本要求、维修养护部位、存在问题、维修养护方法及注意事项。

9. 闸门维修养护

（1）闸门维修养护的内容主要包括门叶、行走支承装置、吊耳、吊杆及锁定装置、止水装置、埋件、闸门表面防腐层等。

（2）应对闸门维修养护的基本要求、闸门养护主要方法、闸门维修主要方法及注意事项进行详细说明。

（3）结合工程实际情况，针对门叶构件强度、刚度不足，构件变形，焊缝开裂；行走支承装置磨损、变形、断裂；吊耳、吊杆及锁定装置的轴销裂纹或磨损、腐蚀；止水装置磨损、变形；埋件的变形、脱落；防腐涂层的裂纹、脱落分别提出具体的维修措施。

10. 启闭机维修养护

启闭机维修养护主要包括一般要求、养护维修、检修流程等。

（1）启闭机维修养护一般要求应对机体表面的清洁、联接件、传动轴、机械传动装置、制动装置、钢丝绳、液压系统、螺杆提出总的要求。

（2）启闭机养护维修应对养护的方法、大/小修的划分、大/小修的项目、维修的方法分部位进行具体说明。修复后，按技术要求安装调试，全面消除缺陷。

（3）启闭机检修包括大修前准备、启闭机的解体、机械部件大修、部件组装调整、电气恢复、启闭试验等，绘制检修流程图。

11. 电气设备维修养护

（1）电气设备维修养护的内容主要包括变压器、开关柜、柴油发电机组、输电线路、防雷接地装置等。

（2）应详细说明各种类型设备的检修周期、检修项目、维修养护内容、技术要求以及注意事项，对重要的检修项目绘制必要的检修流程图。

12. 自动化系统维修养护

（1）自动化系统维修养护的主要内容包括微机监控系统、视频监视系统和网络通信系统等。

（2）管理单位每年应对自动化系统进行 1 次全面维护，对基本性能与重要功能进行测试。详细说明微机监控、视频监视、网络通信系统的盘柜、计算机、PLC 模块、打印机、UPS

电源、摄像机、系统功能的维护项目、测试内容和技术要求等。

13. 项目管理

维修养护项目管理执行省级水利工程维修养护项目管理卡制度。维修项目实施采用“工程维修项目管理卡”，养护项目实施采用“工程养护项目管理卡”。

(1) 项目管理要求

参照项目管理工作标准相关内容，分别明确维修项目、养护项目管理应遵循的有关规定。

(2) 项目管理流程

项目管理流程分别反映维修项目、养护项目从计划批复下达、项目采购、合同管理、施工管理、方案变更、中间验收、决算审核、档案专项验收、竣工验收、档案管理等全过程的工作环节，绘制流程图。

(3) 项目实施

项目实施主要说明项目实施方案编制要求及内容、项目实施方案报批、施工单位的选择及材料设备的采购、项目实施过程管理、项目竣工总结编写等要求。

(4) 竣工验收

竣工验收主要说明竣工验收的组织、验收的内容、验收程序等。

(5) 项目管理卡

工程维修项目管理卡主要包括项目实施计划审批表、项目实施方案、项目预算(单价分析表)、开工报告审批表、项目实施情况记录(图片资料)、项目质量检查及验收(分部工程验收卡)、项目竣工总结、决算书封面、项目竣工决算、项目竣工验收卡、附件等。

工程养护项目管理卡主要包括养护项目计划审批表、年度工程养护计划、年度工程养护计划预算表、季度工程养护计划审批表、季度工程养护计划封面、季度工程养护计划、季度工程养护计划预算表、单项养护工程项目实施计划封面、单项养护工程实施方案、单项养护工程实施计划预算表、单项养护工程开工申请审批表、单项养护工程情况表、单项养护工程费用明细表、单项养护工程验收卡、季度工程养护总结、年度工程养护验收卡、工程养护总结、工程养护大事记等。

14. 管理制度

说明维修养护应遵循的相关规章制度，主要有维修养护项目管理制度、设备管理制度等，具体内容参照管理制度章节。

15. 台账资料

台账资料包括设备修试记录、安装质量评定表、维修养护项目管理卡等。

第六章 管理评价

精细化管理的关键是执行力，建立行之有效的考核评价机制是确保各项工作按标准实施、并最终实现工作目标的重要环节，是决定工作执行成效的重要保证。要结合单位自身实际，针对不同阶段目标管理的侧重点和责任主体，建立健全专项考核与综合考核、平时考核与年度考核、单位考核与职工考核等多形式、多层级的目标成果考核评价体系，并落实必要的奖惩措施。各类考核评价要有明确的目标和标准，注重不同考核评价之间的衔接，避免考核过多、重复考核，提高工作成效。

管理单位要按照事业单位人事管理及考核管理相关要求，发挥好绩效分配激励引导作用，结合单位实际，建立单位工作效能考核和职工实绩考核制度，制定完善考核办法和标准，将考核结果与评先评优、岗位聘用、职务晋升和收入分配相挂钩。要完善岗位设置、工作职责和考核标准，注重平时考核、量化评价，将管理责任具体化、考核评价常态化、绩效奖惩透明化，切实保证管理精细高效，富有执行力、创新力。同时，积极开展精细化管理工作评价，评估总结精细化管理工作成效，发扬优势成果，克服不足，持续改进提高。

第一节 单位效能考核

单位效能考核主要对管理单位的汛前准备专项工作、工程管理日常工作、单位年度综合工作及工程管理年度考核工作等进行考核评价，一般由上级主管部门组织。

一、考核参考方式

1. 汛前准备专项考核重点考核汛前检查工作组织、设备设施状况、应急措施、检查观测与设备评级、档案资料、制度建设等情况，一般在每年 4 月底前进行。

2. 工程管理日常考核重点考核平时工作开展情况，主要考核运行管理、设备管理、标识管理、工程检查、工程维修养护、工程观测、工程技术档案、安全生产、水政管理、环境管理、岗位考核管理等方面的工作，应根据不同阶段工作特点明确考核侧重点。一般按月或季度进行考核。

3. 单位年度综合考核重点考核单位年度综合性工作，主要包括履职情况、党的建设和满意度评价等方面，作为年度评优的主要依据，一般在年底进行，平时考核结果作为年度综合考核的重要参考。

4. 工程管理年度考核按照水利部、江苏省工程管理考核办法及标准的要求，从组织管理、安全管理、运行管理、经济管理等四个方面开展年度自检、考核工作，并报上级主管部门，一般在年底进行。

二、考核内容参考要点

（一）汛前准备考核

1. 汛前准备工作的组织、责任落实及总体开展情况。
2. 规章制度建立修订情况以及执行情况。
3. 各类工程图表、标志标牌设置及明示情况。
4. 检查观测、电气试验、养护维修、工程评级等各类资料的收集、分类、整理、归档情况。
5. 建筑物及引河、主机泵、高低压电气设备、辅机设备、监控及网络通信系统等工程设施状况。
6. 防汛应急及汛前影响度汛项目的进度及完成情况；维修养护项目管理情况。
7. 安全隐患排查及处理情况；预案编制修订及演练情况。
8. 防汛抢险组织网络；防汛抢险物资落实、保管情况。
9. 安全生产责任制、组织网络及安全措施落实情况；安全工器具管理及定期试验情况；消防设施配备、调试、年检及维保情况；安全防护设施及警示信号、标志牌设置情况。
10. 工程观测设施、防汛仓库和管理范围内场地、道路及设备区等环境卫生情况。

（二）工程管理日常考核

1. 调度指令执行情况；操作过程管理、值班管理情况。
2. 工程检查按规定开展情况，记录台账、成果上报、问题整改等。
3. 设备现状以及维修养护、缺陷管理等情况。
4. 设备编号、转动方向、涂色、警示牌等标志标牌管理。
5. 维修养护项目实施方案、采购程序、过程管理、审计与验收、项目管理资料等。
6. 工程观测开展情况、资料整编等。
7. 技术档案收集、整理、归档、保管等情况。
8. 安全生产组织网络、规章制度、安全标志牌、风险识别、隐患排查治理、事故处理等。
9. 水法律法规宣传学习、水政巡查、涉水项目管理、水事案件处理等。
10. 工作场所环境卫生、绿化维护等。
11. 工作任务分解、岗位责任落实、考核开展情况等。

（三）单位年度综合考核

1. 单位年度综合考核主要根据管理单位职能和年度重点工作任务按履职情况、党的建设、满意度评价等分类考核、综合评价，分出相应的考核等次。

2. 履职情况主要考核工程管理、调度运行、防汛抗旱、安全生产、基本建设、河湖管理、水资源管理、水政管理、科技创新与信息化、预算绩效管理、水文工作、水文化建设等方面。

3. 党的建设主要考核政治建设、思想建设、组织建设、作风建设、党风廉政建设、精神文明建设和群团工作等。

4. 满意度评价主要包括:上级主管部门负责人对单位效能提升、作风改进、廉政勤政等方面的评价;相关单位之间的互评;职工代表、党风廉政监督员的评价等。

5. 具体考核内容和考核标准可结合实际情况制定。

(四)工程管理考核

国家级水管单位依据水利部印发的《水利工程管理考核办法》,本省水管单位依据《江苏省水利工程管理考核办法》,开展考核工作。

三、考核主要流程

考核流程一般为听取汇报、查看现场、查阅资料、部门质询、讨论评议、考核赋分、确定等次、通报结果等。

第二节 职工实绩考核

参照《事业单位人事管理条例》《江苏省事业单位工作人员考核实施办法(试行)》等有关规定,管理单位应明确岗位工作标准,以职工的岗位职责和所承担的工作任务为依据,及时了解职工"德、能、勤、绩、廉"日常表现,重点考核工作实绩,考核可分为平时考核、年度考核等,考核结果可以分为优秀、合格、基本合格和不合格等档次。

一、岗位工作标准

1. 工程管理单位要根据工作实际和岗位职责分工对各岗位人员提出具体的工作标准和要求。

2. 岗位工作标准主要包括所长工作标准、副所长工作标准、技术管理岗位工作标准、闸门运行工班长工作标准、闸门运行工工作标准等。

水闸岗位工作标准参考示例:

所长工作标准

1. 做好工程运行管理,随时掌握工程运行情况,每周不定期对工程管理情况抽查不少于2次。

2. 建立健全管理制度和考核机制,单位管理制度完善、工作分工明确、奖惩措施到位。

3. 及时准确地传达上级有关会议精神,检查各岗位工作的完成情况及规章制度执行情况。

4. 认真组织开展工程汛前、汛后检查及日常巡查工作,组织做好工程检查观测工作。

制定完善防洪预案及反事故预案，加强预案的演练。

5. 结合工程实际情况，组织制订切实可行的设备养护和维修计划，按上级批复意见及时组织实施，并按要求进行管理和验收。

6. 建立安全生产责任制，抓好职工安全教育培训，定期进行安全生产检查，组织建立安全生产档案，防止发生人为安全事故。

7. 注重科技创新，积极开展技术革新、科学研究，重视管理机制和内部管理体制创新，不断提高工程管理水平。

8. 组织做好安全保卫、环境管理、精神文明创建等工作。

9. 服从安排，保质、保量，按时完成上级交办的临时性工作。

副所长工作标准

1. 执行工程调度指令，及时组织完成操作任务。

2. 负责制定完善各项规章制度，并检查执行情况。

3. 负责做好工程汛前、汛后检查，检查日常巡查工作情况，组织开展工程检查观测工作。

4. 负责制定单位考核办法、评分标准，并协助所长具体抓好绩效考核工作。

5. 根据设备运行情况，提出工程维修意见，组织工程的维护、检修、抢修工作；制定相关工程预案。

6. 审核维修养护项目的预算、实施计划并组织实施，协助组织做好验收和财务结算。

7. 根据单位实际情况，合理制订年度职工培训计划，并认真组织执行，培训信息反馈及时，档案资料齐全。

8. 制订技术革新、科学研究计划，参与推进管理机制和内部管理体制创新。

9. 协助所长做好安全生产、环境管理、精神文明创建等工作。

10. 服从安排，保质、保量，按时完成所长交办的临时性工作。

技术管理岗位工作标准

1. 按工程实际制定日常养护及维修工程项目初步计划、实施方案、开工报告及预算等，报所领导审核后上报上级主管部门审批。

2. 按相关规定严格对设施设备养护维修工程的质量和实施情况进行检查和监督。

3. 协助所领导做好汛前、汛后及日常工程巡查检查工作，认真开展工程观测工作。

4. 及时编报检查报告、维修养护资料、各项报表等。

5. 做好工程技术资料的收集、整理和档案保管工作。

6. 协助所领导制订技术革新、科学研究计划，参与推进管理机制和内部管理体制创新。

7. 个人办公用品摆放整齐有序，办公环境整洁。

8. 注重业务学习，服从安排，保质、保量，按时完成所领导交办的临时性工作。

闸门运行工班长工作标准

1. 检查本班人员完成设备的日常维护保养和清洁情况。

2. 接受所领导下达的操作指令，并组织实施。

3. 不定时巡查工作现场，检查本班组规章制度执行情况，检查审阅各种记录填写情况，掌握设备运行情况。

4. 组织进行设备检修保养，协助做好电气预防性试验；监督本班组在检修保养过程中的安全管理规程执行情况；协助组织突发设备事故抢险。

5. 协助所领导按时做好月度、季度的绩效考核工作。

6. 协助所领导开展职工业务培训工作。

7. 个人办公用品摆放整齐有序，办公环境整洁。

8. 服从安排，保质、保量，按时完成所领导交办的临时性工作。

闸门运行工工作标准

1. 严格按照操作规程和技术规程执行水闸各项操作任务，按照上级主管部门下达的指令正确完成并及时上报。

2. 按照水闸专业管理规定，定期对设备设施进行检查、清洁、维护。

3. 对所辖水闸设施设备进行维修，达到水闸管理标准要求；积极参加突发设备事故抢险。

4. 按规定及时填写水闸运行、检查、维护相关记录，以便技术人员汇总、整理。

5. 注重学习业务知识，积极参加业务培训、“每月一试”和“每年一考”等。

6. 个人办公用品摆放整齐有序，维护公共场所环境整洁。

7. 服从安排，保质、保量，按时完成所领导交办的临时性工作。

二、职工平时考核参考做法

1. 宜按单位负责人、专业技术人员和工勤技能人员分类进行考核。其中单位负责人由上级主管部门考核，其他人员由本单位组织考核。一般每月或每季度进行一次。

2. 职工平时考核指标由共性指标和个性指标构成。共性指标包括政治素质、职业道德、工作作风、廉洁自律、出勤情况等。个性指标包括工作数量、质量、效率，以及成效和业务能力等。

3. 考核程序一般包括阶段目标任务确定、个人工作小结、审核评鉴、成果反馈、结果公示等。

4. 考核结果可分为好、较好、一般和较差 4 个等次。好等次职工人数宜控制在参加平时考核同类人员数量的 30%以内。

三、职工年度考核参考做法

年度考核是对职工全年工作实绩的综合评价，将平时考核作为重要参考，如：当年平时考核结果好等次累计 3 次及以上的，年度考核可以优先确定为优秀等次；当年平时考核结果有一般、较差等次的，年度考核不得确定为优秀等次；当年平时考核结果一般、较差等次累计 3 次及以上的，年度考核应确定为基本合格或不合格等次；当年平时考核结果均为较差等次的，年度考核直接确定为不合格等次。

第三节　激励措施

管理单位应坚持精神鼓励与物质奖励相结合，建立奖惩激励制度，依据各类考核结果给予相应的奖惩。对考核结果优秀的单位和个人予以表彰奖励，对考核结果较差的单位和个人，予以必要处罚。

一、奖励措施参考做法

1. 设立汛前准备专项奖、工程管理日常考核奖、综合考核奖等奖项。可根据考核结果对单位设不同等次奖项分别进行奖励；对个人根据平时和年度考核情况，对考核结果为好等次的职工，以适当方式予以表扬和奖励，设立考核优秀等次、优秀党员、先进工作（生产）者、工程管理先进个人、安全生产先进个人等荣誉进行表彰奖励。

2. 对通过水利部、省级水利工程管理考核验收的单位，给予单位和职工相应的奖励。

3. 对先进个人颁发荣誉证书，其事迹记入个人档案。

4. 对先进个人在人才培养、职称评审、职务晋升、岗位聘用等方面享受优先条件或加分项。

二、处罚措施参考做法

1. 对部、省级水利工程管理单位复审不合格或被取消原达标等级的单位，当年不得评为先进单位，单位领导不得评为先进个人，并对责任人进行责任追究。

2. 工程单位当出现执行上级调度指令不力、发生安全责任事故、违规使用工程经费或违反国家法律法规等情形，视情节对单位和责任人进行处罚，直至追究法律责任。

3. 对平时考核结果为一般等次的职工，及时谈话提醒；对平时考核结果为较差等次的职工，加以批评教育。发现的违纪违法问题，按照有关纪律和法律法规处理。

4. 对个人年度考核结果为基本合格或不合格的，视情节给予批评教育和相应处罚，情节严重的给予警告、记过、降低岗位等级或者撤职、开除等处分。

第四节　精细化管理评价

为加强水闸工程精细化管理，科学评价工程精细化管理水平，依据《江苏省水利工程精细化管理评价办法》开展精细化管理评价工作。

一、评价内容

水闸工程精细化管理评价内容包括管理任务、管理标准、管理流程、管理制度、内部考核、信息平台、管理成效等方面的评价。

二、评价组织

水利工程精细化管理按照分级管理原则进行评价验收，市（县）所属管理单位精细化管理工作由设区市水行政主管部门组织评价验收，并接受省水利厅检查监督；省水利厅直属管理单位精细化管理工作由省水利厅或其委托单位组织评价验收。

三、评价标准

1. 水闸工程精细化管理评价实行1000分制，其中：管理任务评价140分，管理标准评价120分，管理流程评价160分，管理制度评价90分，内部考核评价90分，信息平台评价100分，管理成效评价300分。管理单位和各级水行政主管部门依据评价标准赋分。

2. 水闸工程精细化管理通过验收，评价结果总分应达到850分，且其中各大类得分率应不低于80%。

四、评价验收

1. 申请验收的管理单位应具备以下基本要求：

（1）工程通过竣工验收，设施完好，无重大安全隐患。

（2）通过省级及以上水利工程管理单位考核验收。

（3）制定了精细化管理方案和年度目标计划；按计划实施了细化任务、落实责任、明晰标准、规范流程、完善制度和绩效管理等精细化管理相关工作；建立了信息化管理平台；精细化管理工作成效显著。

2. 管理单位应积极开展水利工程精细化管理工作，自评结果符合验收条件的，可向上级主管部门申请验收。

3. 水利工程精细化管理评价验收程序：

（1）验收组织单位成立专家组，负责水利工程精细化管理评价工作。

（2）评价工作主要包括：听取管理单位工作汇报，现场实地考察，查阅有关文件资料，专家质询、讨论、赋分等。

（3）专家组根据相关资料和现场考察情况，对申报单位精细化管理工作进行综合评价，提出存在问题和整改意见，出具评价报告，提出能否通过水利工程精细化管理验收及建议。

4. 验收组织单位将评价报告报省水利厅，在江苏省水利厅网站公示7天且无异议后，由省水利厅批准公布。

五、后续管理

1. 对通过水利工程精细化管理验收的管理单位，各级水行政主管部门应结合省级水利工程管理单位复核和年度考核进行检查。

2. 通过水利工程精细化管理验收的管理单位，凡出现以下情况之一的，予以取消：

(1) 精细化管理成效差。

(2) 被取消省级及以上水利工程管理单位资格。

(3) 发生较大及以上安全生产责任事故。

(4) 发生其他造成社会不良影响的重大事件。

第七章　管理平台

随着以互联网、物联网、大数据、云计算等为代表的信息技术的迅猛发展，信息化、智能化建设已成为新时期水利工程管理的重要任务，管理单位要利用先进的信息化技术手段推进工程管理信息化、智能化，改变工程管理方式、提升管理效能，让管理工作落实更到位、调度控制更精准、过程管控更规范、信息掌握更及时、成效评价更便捷，提升现代化管理水平。

管理单位应基于现代信息技术和水利工程管理发展新形势，切合水闸工程管理特点和实际需求，将信息化与精细化深度融合，重点围绕业务管理、工程监测监控两大核心板块，构建安全、先进、实用的信息化管理平台。平台建设要紧扣精细化管理的任务、标准、流程、制度、考核等重点环节，体现系统化、全过程、留痕迹、可追溯的思路，形成完整的工作链、信息流，实行管理任务清单化、工作要求标准化、作业流程闭环化、档案资料数字化、成效监管实时化，以工程管理信息化促进精细化更有效、更快捷地落地和推广。

第一节　平台建设

信息化管理平台建设要紧密结合精细化管理的工作要求，满足工程控制运用、检查观测、设备设施管理、维修养护、项目管理、安全管理、档案资料、制度与标准、水政管理、任务管理、效能考核等方面的业务管理需要，力求具备较完整的水利工程管理信息化功能集，一般可设置综合事务、运行管理、检查观测、设备设施、安全管理、项目管理、水政管理等基本管理模块和移动客户端，具体模块和功能可视实际需求确定。

一、总体要求

1. 管理平台应符合网络安全分区分级防护的要求，一般将工程监测监控系统和业务管理系统布置在不同网络区域。

2. 管理平台要采用当今运用成熟、先进的信息技术方案，功能设置和内容要素符合水利工程管理标准和规定，能适应当前和未来一段时期的使用需求。

3. 管理平台要紧密结合水闸工程业务管理特点，客户端符合业务操作习惯。系统具有清晰、简洁、友好的中文人机交互界面，操作简便、灵活、易学易用，便于管理和维护。

4. 管理平台各功能块以工作流程为主线，实现闭环式管理。不同功能模块间的相关数据应标准统一、互联共享，减少重复台账。

二、基本功能

1. 综合事务。该模块是除主要管理业务以外，以管理任务落实与绩效考核为主的综合性模块，重在保证各项业务工作能有效开展。可设置任务管理、教育培训、制度与标准、档案管理、绩效考核等功能项。

(1) 任务管理功能项可将管理任务进行细化分解、落实到岗到人，并进行主动提醒，对完成情况跟踪监管，提高工作的执行力。

(2) 教育培训功能项可制订培训计划并上报，记录培训台账，对培训工作进行总结评价，也可为个人业绩考核提供参考。

(3) 制度与标准功能项可录入查询规章制度、工作标准、工作手册、作业指导书等，供学习执行，也要反映制度与标准的修订、审批过程信息。

(4) 档案管理功能项按照档案管理分类，对本系统形成的电子台账进行档案管理、查阅，与数字化档案系统对接。按照科技档案分类，对系统形成的电子台账进行管理，提供查询功能。对经审核合格的档案录入单位数字化档案管理系统。

(5) 绩效考核功能项可进行单位(部门)效能考核和个人绩效考核，记录考核台账，单位管理成效、个人工作业绩可调取系统其他模块信息提供评价参考。

2. 运行管理。运行管理的主要任务是根据上级下达的调度指令，进行分解细化和组织实施，并做好值班管理、两票管理等工作，保证工程正常运行，及时准确执行上级下达的调度指令。可设置调度管理、操作记录、值班管理、两票管理、运行日志等功能项。

(1) 调度管理功能项可实现调度指令下发、执行，能够记录、跟踪调度指令的流转和执行过程，并能够与监控系统的调令执行操作进行关联与数据共享。

(2) 操作记录功能项可对调度指令下达、操作执行、结束反馈等全过程信息进行汇总、统计与查询。在监测监控系统中执行操作流程，在业务管理系统中调取监测监控系统操作记录和运行数据，并与调度指令执行记录一并进行汇总、查询。

(3) 值班管理功能项可以自动对班组进行排班，实现班组管理、生成排班表、值班记事填报、值班提醒、交接班管理等。

(4) 两票管理功能项可实现工作票的自动开票和自动流转，用户可对工作票进行执行、作废、打印等操作，并自动对已执行和作废的工作票进行存根，便于统计分析。同时可对操作票链接查询。

(5) 运行日志功能项可实现业务管理系统与监控系统主要运行参数、控制操作自动链接录入，将工程各类数据录入运行日志及相关运行报表，便于系统查询与相关功能模块的链接引用。

3. 检查观测。重点是通过工程移动巡检、观测成果自动整编等方式，及时掌握工程动态信息，发现处理存在问题。工程检查按照重要性、不同阶段及不同工况分别确定相应的检查周期和内容，强调重点部位、汛期、运行期的工程检查。工程观测主要是对测量任务的明确落实和测量数据自动整编、成果应用。可设置日常检查、定期检查、试验检测、专项检查、工程观测等功能项。

（1）日常检查功能项按照日常巡查、经常检查不同的工作侧重点，主要采用移动巡检的方式进行，预设检查线路、内容、时间，任务可自动或手动下达给检查人员，对执行情况进行统计查询。对发现问题提交相应处置模块。

（2）定期检查功能项可编制任务并下达至相应检查人员，检查人员按定期检查要求执行交办的检查任务，并将检查结果录入系统，形成报告，对存在问题进行处理，如需检修可进行相应功能模块。

（3）试验检测功能项可录入查看工程年度预防性试验、日常绝缘检测、防雷检测、特种设备检测等试验检测的统计情况，并对历年数据进行统计分析。对试验发现的问题可提交处理并查询处理结果。

（4）专项检查功能项可根据所遭受灾害或事故的特点来确定检查内容，参照定期检查的要求进行，重点部位应进行专门检查、检测或专项安全鉴定。对发现的问题应进行分析，制定修复方案和计划并上报。

（5）工程观测功能项主要包括观测任务、仪器设备、观测成果和问题处置等，将垂直位移、河床断面、扬压力测量、伸缩缝测量等原始观测数据导入系统，由系统自动计算，生成各观测项目的成果表、成果图，并能以可视化方式展示查询。

4. 设备设施。机电设备和水工建筑物管理是工程业务管理的重点，将设备设施进行管理单元划分和编码，以编码作为识别线索，进行全生命周期管理，并设置对应二维码进行扫描查询。可设置基础信息、设备管理、建筑物管理、缺陷管理、备品备件等功能项。

（1）基础信息功能项主要包括设备设施编码、技术参数、二维码和工程概况、设计指标等。编码作为设备设施管理的唯一身份代码，设备设施全生命周期管理信息都可通过编码或对应的二维码进行录入查询。

（2）设备管理功能项的重点是建立设备管理台账，记录和提供设备信息，反映设备维护的历史记录，为设备的日常维护和管理提供必要的信息，一般包括设备评级、设备检修历史、设备变化、备品备件、设备台账查询等内容。

（3）缺陷管理功能项可对工程发现的缺陷按流程进行规范处置，形成全过程台账资料。积累缺陷管理资料和信息，统计分析缺陷产生原因，有利于采取预防和控制对策。

（4）备品备件功能项主要适用于备品备件的采购、领用及存放管理，制定备品备件合理的安全库存，将备品备件和材料的申请、采购、领用进行流程化管理。可以实时查询调用备品备件的所有信息。

5. 安全管理。安全管理遵循安全生产法规，结合安全生产标准化建设的要求，主要从目标职责、现场管理、隐患排查治理、应急管理、事故管理等方面设置功能项，部分内容可链接生产运行、检查观测、设备设施、教育培训等功能模块信息，形成全过程管理台账，对问题隐患进行统计查询、警示提醒和处置跟踪。

6. 项目管理。按照省水利工程维修养护项目管理相关规定，注重实施的计划性、规范性、及时性。针对计划申报、批复实施、项目采购、合同管理、施工管理、方案变更、中间验收、决算审核、档案专项验收、竣工验收、档案管理等方面的工作，可设置项目下达、实施方案、实施准备、项目实施、验收准备、项目验收等功能项，实现全过程全方位的管理监督，可实时了解工程形象进度、经费完成情况和工作动态信息，实现网络审批，查询历史记录，提高项目管理效率。

7. 水政管理。主要包括队伍管理、划界确权、执法巡查、涉水监管和普法宣传等功能项，要形成日常工作记录台账，通过 GIS 地图查看工程管理范围线及桩（牌）矢量布置图，实地埋设的界桩、界牌、告示牌等已知点地理坐标信息。同时，对工程管理范围进行移动巡查，并记录违法违章事件处置全过程资料。

8. 移动客户端。为便于信息的及时发布查询，开发手机 APP 移动客户端，推送工程运行信息、工作任务提醒、工作实时动态、异常情况预警等。

第二节　平台管护

一、应用管理

1. 管理平台应由被授权人员进行操作、维护和管理，不得进行与运行管理无关的工作。

2. 加强平台的应用，发挥好平台的作用。及时录入台账资料，发现数据异常及时分析处理，保证信息的准确性。

3. 定期对电子台账和数据备份。

4. 根据运行管理条件和要求的变化，及时升级信息化平台。

二、安全防护

1. 工程监控系统应实行专网封闭管理，与外部系统物理隔离。

2. 明确管理平台运维管理和网络安全责任主体，规范开展运维工作，保持系统安全稳定运行。

3. 按照网络安全等级保护的要求，开展等级测评和安全防护工作。

附 录

附录 A　控制运用相关记录表式

工程调度记录

工程名称					
时间	发令人	接受人	执行内容	执行情况	备注

水闸值班记录

工程名称		时间	年　　月　　日	天气	

值班情况记录：

值班人员：

交接班记录：

1. 工程运行情况：

2. 需交接的其他事项：

交班人：　　　　接班人：　　　　交接时间：　　　　时　　分

闸门启闭记录

<table>
<tr><td colspan="2">工程名称</td><td></td><td>第　号</td><td></td><td>时间</td><td>年　月　日</td><td>天气</td><td></td></tr>
<tr><td colspan="3">闸门启闭依据</td><td colspan="6"></td></tr>
<tr><td rowspan="5">闸门启闭准备</td><td colspan="2">项目</td><td colspan="5">执行内容</td><td>执行情况</td></tr>
<tr><td colspan="2">确定开闸孔数和开度</td><td colspan="5">根据“始流时闸下安全水位-流量关系曲线”、“闸门开高-水位-流量关系曲线”确定下列数值：
开闸孔数：　　孔　　闸门开度：　　m
相应流量：　　m^3/s</td><td></td></tr>
<tr><td colspan="2">开闸预警</td><td colspan="5">预警方式(拉警报、电话联系、现场喊话)、预警时间</td><td></td></tr>
<tr><td colspan="2">上下游有无漂浮物</td><td colspan="5">是否有，是何物，到闸口距离等，如何处理，结果如何</td><td></td></tr>
<tr><td colspan="2">送配电</td><td colspan="5"></td><td></td></tr>
<tr><td rowspan="5">闸门启闭情况</td><td colspan="2">闸门启闭时间</td><td colspan="6">时　分起至　时　分止</td></tr>
<tr><td colspan="2">闸孔编号</td><td colspan="6"></td></tr>
<tr><td colspan="2">启闭顺序</td><td colspan="6"></td></tr>
<tr><td rowspan="2">闸门开高(m)</td><td>启闭前</td><td colspan="6"></td></tr>
<tr><td>启闭后</td><td colspan="6"></td></tr>
<tr><td rowspan="6">水位(m)</td><td colspan="2">启闭前</td><td colspan="3">上游</td><td colspan="3">下游</td></tr>
<tr><td colspan="2"></td><td colspan="3"></td><td colspan="3"></td></tr>
<tr><td colspan="2">启闭后</td><td colspan="3">上游</td><td colspan="3">下游</td></tr>
<tr><td colspan="2"></td><td colspan="3"></td><td colspan="3"></td></tr>
<tr><td colspan="2"></td><td colspan="3"></td><td colspan="3"></td></tr>
<tr><td colspan="2"></td><td colspan="3"></td><td colspan="3"></td></tr>
<tr><td colspan="3">流态、闸门振动等情况</td><td colspan="6"></td></tr>
<tr><td colspan="9">启闭后相应流量：　　m^3/s</td></tr>
<tr><td colspan="3">发现问题及处理情况</td><td colspan="6"></td></tr>
<tr><td colspan="6">闸门启闭现场负责人：</td><td colspan="3">操作/监护人：</td></tr>
</table>

柴油发电机运行记录

工程名称					时间	年 月 日		
开机起止时间	日 时 分起至 日 时 分止							
用　途								
	冷却温度	机油压力	交流电压	交流电流	直流电压	直流电流	功率因素	频率或转速
开机后 时 分								
开机后 时 分								
开机后 时 分								
开机后 时 分								
开机后 时 分								
开机后 时 分								
本次运转时间	时 分			累计运转时间			时 分	
柴油检查				机油检查				
值班机工				值班电工				
发现问题及处理意见								

记录：　　　　　　　　　　校核：

配电设备操作记录

<table>
<tr><td>工程名称</td><td></td><td>时间</td><td>年　　月　　日</td></tr>
<tr><td colspan="2">停电操作</td><td colspan="2">送电操作</td></tr>
<tr><td>停电操作原因</td><td></td><td>送电操作原因</td><td></td></tr>
<tr><td>分照明负荷开关</td><td></td><td>合高压跌落式熔断器</td><td></td></tr>
<tr><td>分照明隔离刀闸</td><td></td><td>合低压隔离刀闸</td><td></td></tr>
<tr><td>分动力负荷开关</td><td></td><td>合低压进线开关</td><td></td></tr>
<tr><td>分动力隔离刀闸</td><td></td><td>合双掷开关</td><td></td></tr>
<tr><td>分双掷开关</td><td></td><td>合动力隔离刀闸</td><td></td></tr>
<tr><td>分低压进线开关</td><td></td><td>合动力负荷开关</td><td></td></tr>
<tr><td>分低压隔离刀闸</td><td></td><td>合照明隔离刀闸</td><td></td></tr>
<tr><td>分高压跌落式熔断器</td><td></td><td>合照明负荷开关</td><td></td></tr>
<tr><td colspan="2">停电操作时间：
月　　日　　时　　分</td><td colspan="2">送电操作时间：
月　　日　　时　　分</td></tr>
<tr><td>操作人</td><td></td><td>操作人</td><td></td></tr>
<tr><td>监护人</td><td></td><td>监护人</td><td></td></tr>
<tr><td>安全措施</td><td colspan="3"></td></tr>
<tr><td>备注</td><td colspan="3"></td></tr>
</table>

附录 B 工程检查相关记录表式

日常巡查记录表

工程名称		巡查时间	年　　月　　日	天气	
巡查内容			巡查情况		
管理范围内有无违章建筑					
管理范围内有无危害工程安全的活动					
有无影响水闸安全运行的障碍物					
建筑物、设备、设施是否受损					
工程运行状态是否正常					
工程环境是否整洁					
水体是否受到污染					
其他					
巡查人：			技术负责人：		

经常检查记录表

工程名称		时间	年 月 日	天气	

检查项目	检查内容	检查情况
上游左岸堤防	堤岸顶面有无塌陷、裂缝；背水坡及堤脚有无渗漏、破坏等	
上游左岸护坡	块石护坡是否完好，排水是否畅通，有无雨淋沟、塌陷等损坏现象	
上游左翼墙	砼有无损坏和裂缝，伸缩缝是否完好	
闸室结构	砼有无损坏和裂缝，伸缩缝是否完好，栏杆柱头是否完好，桥面排水孔是否正常	
上游河面	拦河设施是否完好，有无威胁工程的漂浮物	
上游右岸堤防	岸顶面有无塌陷、裂缝；背水坡及堤脚有无渗漏、破坏等	
上游右岸护坡	块石护坡是否完好，排水是否畅通，有无雨淋沟、塌陷等损坏现象	
上游右翼墙	砼有无损坏和裂缝，伸缩缝是否完好	
下游右翼墙	砼有无损坏和裂缝，伸缩缝是否完好	
下游右岸护坡	块石护坡是否完好，排水是否畅通，有无雨淋沟、塌陷等损坏现象	
下游右岸堤防	岸顶面有无塌陷、裂缝；背水坡及堤脚有无渗漏、破坏等	
下游河面	拦河设施是否完好，有无威胁工程的漂浮物	
下游左翼墙	砼有无损坏和裂缝，伸缩缝是否完好	
下游左岸护坡	块石护坡是否完好，排水是否畅通，有无雨淋沟、塌陷等损坏现象	
下游左岸堤防	岸顶面有无塌陷、裂缝；背水坡及堤脚有无渗漏、破坏等	
拦河坝	坝坡是否完好，有无雨淋沟、塌陷等损坏现象	
闸门状态	开/关	
闸门	闸门有无振动、有无漏水，闸下流态、水跃形式是否正常	
启闭机	启闭机有无漏油，罩壳是否盖好，钢丝绳排列是否正常，有无明显的变形等不正常情况	
电气设备	电气设备运行状况正常，电线、电缆有无破损，开关、按钮、仪表、安全保护装置等是否动作灵活、准确可靠；照明设施及警报系统是否完好，运行状况是否正常	
观测设施及管理设施	设施是否完好，使用是否正常，有无损坏、缺失等现象；桥头堡、启闭机房等房屋建筑有无破损、渗漏现象	
通信设施	通信设施运行状况是否正常	
其他	管理范围内有无违章建筑和危害工程安全的活动，是否有影响水闸安全运行的障碍物，工程环境是否整洁等	

检查人：　　　　　　　　　　　　　　技术负责人：

注：闸门状态按实际情况填写闸门开启或是关闭，其余检查情况正常时打√

水闸定期检查情况汇总表

（一）闸门

部位名称	工作现状及存在问题	结论
承重部分		
支承行走系统		
门叶止水		
油漆保护		
其他		

（二）启闭机

部位名称	工作现状及存在问题	结论
电气部分		
传动部分		
制动器		
机架		
吊具		
防腐		
其他		

（三）变压器

部位名称	工作现状及存在问题	结论
变压器本体		
桩头及引线		
变压器油		
油枕		
防腐		
绝缘		
接地		
其他		

（四）配电系统

部位名称	工 作 现 状 及 存 在 问 题	结论
柜体		
隔离刀闸		
开关		
互感器		
熔断器		
二次线路		
接地		
其他		

（五）柴油发电机

部位名称	工 作 现 状 及 存 在 问 题	结论
柴油机		
发电机		
蓄电池		
防腐		
绝缘		
接地		
其他		

（六）土建部分

部位名称	工 作 现 状 及 存 在 问 题	结论
闸墩		
底板		
启闭机房		
控制室		
上下游引河		
上下游翼墙		
上下游护坡		
交通桥		
工作便桥		
伸缩缝		
其他		

定期检查记录表
（闸门）

工程名称		时间	年　　月　　日
闸孔编号：	闸门结构：	闸门型式：	

分部名称	工程现状及存在问题	检查结论	备注
承重部分			
面板			
梁系			
吊耳座			
支臂杆			
支承行走系统			
主侧滚轮			
滑道滑块			
门槽			
其他			
门叶止水			
止水座			
止水			
其他			
油漆保护			
其他			

检查人：　　　　　　　　　　技术负责人：

定期检查记录表(启闭机械设备)
(卷扬式)

工程名称			编号		时间	年　月　日
设备名称					设备编号	
规格型号					安装日期	
检修保养周期					检查日期	
查定内容	电气部分	线路		制动器	电磁线圈	
		开关			制动器间隙	
		接触器			制动瓦接触面积	
		过流保护			弹簧松紧度	
		限位开关			制动效果	
		安全接地				
		仪表及指示灯				
		电机绝缘检查				
	减速机	引线联接检查			油质油位	
		轴承轴套润滑			齿轮磨损	
	减速器	油质油位			轴瓦油杯润滑	
		齿轮磨损			联轴器联接	
		密封情况			轴销螺栓及减震圈磨损	
		箱体螺栓				
	钢丝绳	钢丝绳润滑			绳与滚筒联接	
		有无断丝现象			滚筒压板松紧	
		钢丝绳锈蚀情况			吊座联接	
		水下钢丝绳保护				
	滑轮	定滑轮润滑锈蚀磨损现状			平衡轮组润滑锈蚀磨损现状	
	设备评级					

检查人：　　　　　　　　　　　　　　技术负责人：

定期检查记录表(启闭机械设备)

(螺杆式)

<table>
<tr><td colspan="3">工程名称</td><td></td><td>编号</td><td></td><td>时间</td><td>年　月　日</td></tr>
<tr><td colspan="3">设备名称</td><td colspan="2"></td><td colspan="2">设备编号</td><td></td></tr>
<tr><td colspan="3">规格型号</td><td colspan="2"></td><td colspan="2">安装日期</td><td></td></tr>
<tr><td colspan="3">检修保养周期</td><td colspan="2"></td><td colspan="2">检查日期</td><td></td></tr>
<tr><td rowspan="16">查定内容</td><td rowspan="5">电气部分</td><td>线路</td><td colspan="2"></td><td colspan="2">仪表及指示灯</td><td></td></tr>
<tr><td>开关</td><td colspan="2"></td><td colspan="2">限位开关</td><td></td></tr>
<tr><td>接触器</td><td colspan="2"></td><td colspan="2">联轴器</td><td></td></tr>
<tr><td>过流保护</td><td colspan="2"></td><td colspan="2">安全接地</td><td></td></tr>
<tr><td>电机绝缘检查</td><td colspan="5"></td></tr>
<tr><td rowspan="3">减速机</td><td>引线联接</td><td colspan="2"></td><td colspan="2">油质油位</td><td></td></tr>
<tr><td>轴承轴套润滑</td><td colspan="2"></td><td colspan="2">齿轮磨损</td><td></td></tr>
<tr><td>联轴器联接</td><td colspan="2"></td><td colspan="2">轴销螺栓及减震圈磨损</td><td></td></tr>
<tr><td rowspan="4">启闭机构</td><td>机体状况</td><td colspan="2"></td><td colspan="2">伞齿盆齿间隙</td><td></td></tr>
<tr><td>轴承轴套润滑</td><td colspan="2"></td><td colspan="2">伞齿盆齿磨损</td><td></td></tr>
<tr><td>丝杆弯曲状况</td><td colspan="2"></td><td colspan="2">承重螺母磨损状况</td><td></td></tr>
<tr><td>轴承轴套磨损</td><td colspan="5"></td></tr>
<tr><td>其他</td><td colspan="6"></td></tr>
<tr><td>设备评级</td><td colspan="6"></td></tr>
</table>

检查人：　　　　　　　　　　　　　　技术负责人：

定期检查记录表（启闭机械设备）
（液压式）

工程名称		编号		时间	年 月 日
设备名称			设备编号		
规格型号			安装日期		
检修保养周期			检查日期		

查定内容	电气部分	线路		仪表及指示灯	
		开关		限位开关	
		接触器		安全接地	
		过流保护			
	动力元件	电机绝缘检查		油泵状况	
	执行元件	油缸状况		活塞杆有无弯曲、锈蚀情况	
		油缸有无渗漏		密封圈有无拉毛、反边现象	
	控制元件	液压阀组状况		液压阀组有无渗漏	
		油箱有无渗漏		油箱油质油位	
		管路有无渗漏		接头有无渗漏	
	其他	机械锁定是否可靠		吊座螺栓联接状况	
		导向轮是否灵活		行走轨道是否锈蚀	
		节杆状况			
	设备评级				

检查人： 技术负责人：

定期检查记录表

（混凝土工程）

工程名称		闸孔编号		时间	年　月　日
分部名称	工程现状及存在问题		检查结论		备注
闸墩					
底板					
消力池					
护底					
胸墙					
岸墙					
翼墙					
交通桥					
工作桥					
工作便桥					
排架					
伸缩缝					
闸门支座					
其他					

检查人：　　　　　　　　　　　　技术负责人：

定期检查记录表

（堤岸及引河、砌石工程）

工程名称		时间	年　月　日
分部名称	工程现状及存在问题	检查结论	备注
土方工程			
闸室墙后填土			
导航墙后填土			
上游河坡			
下游河坡			
堤防			
拦河坝			
河床			
其他			
砌石工程			
翼墙			
挡土墙			
干砌护坡			
浆砌护坡			
干砌护底			
浆砌护底			
其他			

检查人：　　　　　　　　　　　　技术负责人：

定期检查记录表

（附属设施）

工程名称		时间	年　　月　　日
分部名称	工程现状及存在问题	检查结论	备注
控制室			
启闭机房			
交通道路			
办公设施			
消防设施			
生活设施			
标志标牌			
观测设施			
照明系统			
输电线路			
通信线路			
拦河设施			
警示灯			
绿化			
卫生			
其他			

检查人：　　　　　　　　　　　　　　技术负责人：

变压器定期检查记录表

<table>
<tr><td colspan="3">工程名称</td><td colspan="3"></td><td>时间</td><td>年　月　日</td></tr>
<tr><td colspan="3">设备名称</td><td colspan="5"></td></tr>
<tr><td colspan="3">规格型号</td><td colspan="2"></td><td>安装日期</td><td colspan="2"></td></tr>
<tr><td colspan="3">检修保养周期</td><td colspan="2"></td><td>试验周期</td><td colspan="2"></td></tr>
<tr><td colspan="3">检修保养日期</td><td colspan="2"></td><td>试验日期</td><td colspan="2"></td></tr>
<tr><td rowspan="13">查定内容</td><td rowspan="4">绝缘检查（MΩ）</td><td rowspan="2">检查部位</td><td colspan="5">检查数值</td></tr>
<tr><td>R15"</td><td>R60"</td><td>R60"/ R15"</td><td>温度</td><td>湿 度</td></tr>
<tr><td>高对低＋地</td><td></td><td></td><td></td><td rowspan="2"></td><td rowspan="2"></td></tr>
<tr><td>低对高＋地</td><td></td><td></td><td></td></tr>
<tr><td colspan="4">瓷套管有无裂纹、放电痕迹</td><td colspan="3"></td></tr>
<tr><td colspan="4">瓷套管处有无渗漏油现象</td><td colspan="3"></td></tr>
<tr><td colspan="4">电缆头是否完好，有无破损</td><td colspan="3"></td></tr>
<tr><td colspan="4">高、低压侧引线有无松动</td><td colspan="3"></td></tr>
<tr><td colspan="4">油位、油色是否正常</td><td colspan="3"></td></tr>
<tr><td colspan="4">硅胶是否更换或作干燥处理</td><td colspan="3"></td></tr>
<tr><td colspan="4">变压器整体渗漏检查与处理</td><td colspan="3"></td></tr>
<tr><td colspan="4">温度计是否完好，油温是否正常</td><td colspan="3"></td></tr>
<tr><td colspan="4">接地是否良好</td><td colspan="3"></td></tr>
<tr><td colspan="2">试验情况</td><td colspan="6"></td></tr>
<tr><td colspan="2">设备评级</td><td colspan="6"></td></tr>
</table>

检查人：　　　　　　　　　　　　技术负责人：

柴油发电机组定期检查记录表

<table>
<tr><td colspan="2">工程名称</td><td colspan="3"></td><td>时间</td><td>年　月　日</td></tr>
<tr><td colspan="2">设备名称</td><td colspan="3"></td><td>机组编号</td><td></td></tr>
<tr><td colspan="2">规格型号</td><td colspan="3"></td><td>功率</td><td></td></tr>
<tr><td colspan="2">安装日期</td><td colspan="3"></td><td>检验日期</td><td></td></tr>
<tr><td colspan="2">小修周期</td><td colspan="3"></td><td>试验日期</td><td></td></tr>
<tr><td colspan="2">大修周期</td><td colspan="3"></td><td>检验性质</td><td></td></tr>
<tr><td rowspan="11">查定内容</td><td rowspan="4">电机绝缘检查（MΩ）</td><td rowspan="3">定子线圈</td><td>R15″</td><td></td><td>温度</td><td>湿度</td></tr>
<tr><td>R60″</td><td></td><td rowspan="3"></td><td rowspan="3"></td></tr>
<tr><td>R60″/R15″</td><td></td></tr>
<tr><td>转子线圈</td><td colspan="2">A+　Ω　C+　Ω</td></tr>
<tr><td rowspan="5">滑环与碳刷检查</td><td colspan="2">滑环表面是否光洁</td><td colspan="3"></td></tr>
<tr><td colspan="2">碳刷与滑环接触情况</td><td colspan="3"></td></tr>
<tr><td colspan="2">刷握和刷架有无积垢</td><td colspan="3"></td></tr>
<tr><td colspan="2">励磁电源线与碳架联接情况</td><td colspan="3"></td></tr>
<tr><td colspan="2">转子引线与滑环联接情况</td><td colspan="3"></td></tr>
<tr><td>轴承检查</td><td>轴承润滑</td><td></td><td>轴承油质</td><td colspan="2"></td></tr>
<tr><td>外观检查</td><td colspan="5"></td></tr>
<tr><td colspan="2">处理结果</td><td colspan="5"></td></tr>
<tr><td colspan="2">设备评级</td><td colspan="5"></td></tr>
</table>

检查人：　　　　　　　　　　　　技术负责人：

配电设备定期检查记录表

<table>
<tr><td colspan="2">工程名称</td><td></td><td>时间</td><td>年　　月　　日</td></tr>
<tr><td colspan="2">设备名称</td><td colspan="3"></td></tr>
<tr><td colspan="2">规格型号</td><td></td><td>安装日期</td><td></td></tr>
<tr><td colspan="2">检修保养周期</td><td></td><td>试验周期</td><td></td></tr>
<tr><td colspan="2">检修保养日期</td><td></td><td>试验日期</td><td></td></tr>
<tr><td rowspan="8">查定内容</td><td colspan="3">开关绝缘子有无裂纹、脏污</td><td></td></tr>
<tr><td colspan="3">熔断器有无裂纹、损坏，所配熔芯是否合适</td><td></td></tr>
<tr><td colspan="3">操作连杆及机械各部分有无损伤、锈蚀、歪斜、松动脱落现象</td><td></td></tr>
<tr><td colspan="3">刀片及刀嘴有无变形、锈蚀、倾斜、松动</td><td></td></tr>
<tr><td colspan="3">刀片及刀嘴有无脏污、烧伤痕迹，灭弧罩是否完好</td><td></td></tr>
<tr><td colspan="3">弹簧片、弹簧及铜辫子有无断股、折断</td><td></td></tr>
<tr><td colspan="3">将开关合上检查触头接触是否良好</td><td></td></tr>
<tr><td colspan="3">接地是否良好</td><td></td></tr>
<tr><td colspan="2">试验情况</td><td colspan="3"></td></tr>
<tr><td colspan="2">设备评级</td><td colspan="3"></td></tr>
<tr><td colspan="3">检查人：</td><td colspan="2">技术负责人：</td></tr>
</table>

水下检查记录表

工程名称		时间	年　月　日
检查部位	检查内容与要求		检查情况及存在问题
闸室	闸门前后淤积情况，门槽有无树根、块石等杂物，杂物应予清除		
伸缩缝	有无错缝，缝口有无破损，填料有无流失		
底板、护坦、消力池	混凝土有无剥落、露筋、裂缝，有无异常磨损，消力池内有无块石，块石应予清除		
水下护坡	有无坍塌		
其他			
检查目的			
对今后工程管理的建议			
建筑物运行状态及水文、气候情况	上游水位：　m　下游水位：　m　风向：　风力： 天气：　气温：　℃		
作业时间	自　时　分起至　时　分止		
作业人员	信号员：　记录员：　潜水班负责人： 潜水员：　其他有关人员：		
管理单位负责人：	技术负责人：		

附录 C 设备评级相关记录表式

设备等级评定情况表

<table>
<tr><td rowspan="2">工程名称</td><td rowspan="2"></td><td rowspan="2">工程规模</td><td rowspan="2"></td><td colspan="2">竣工日期</td><td colspan="3"></td></tr>
<tr><td colspan="2">改造日期</td><td colspan="3"></td></tr>
<tr><td rowspan="2">单位设备名称</td><td rowspan="2">等级</td><td rowspan="2">单项设备名称</td><td rowspan="2">规格</td><td rowspan="2">数量</td><td colspan="3">等级</td><td rowspan="2">完好率
（%）</td></tr>
<tr><td></td><td></td><td></td></tr>
<tr><td></td><td></td><td></td><td></td><td></td><td></td><td></td><td></td><td></td></tr>
<tr><td></td><td></td><td></td><td></td><td></td><td></td><td></td><td></td><td></td></tr>
<tr><td></td><td></td><td></td><td></td><td></td><td></td><td></td><td></td><td></td></tr>
<tr><td></td><td></td><td></td><td></td><td></td><td></td><td></td><td></td><td></td></tr>
<tr><td></td><td></td><td></td><td></td><td></td><td></td><td></td><td></td><td></td></tr>
<tr><td></td><td></td><td></td><td></td><td></td><td></td><td></td><td></td><td></td></tr>
<tr><td></td><td></td><td></td><td></td><td></td><td></td><td></td><td></td><td></td></tr>
<tr><td></td><td></td><td></td><td></td><td></td><td></td><td></td><td></td><td></td></tr>
<tr><td></td><td></td><td></td><td></td><td></td><td></td><td></td><td></td><td></td></tr>
<tr><td></td><td></td><td></td><td></td><td></td><td></td><td></td><td></td><td></td></tr>
<tr><td></td><td></td><td></td><td></td><td></td><td></td><td></td><td></td><td></td></tr>
<tr><td></td><td></td><td></td><td></td><td></td><td></td><td></td><td></td><td></td></tr>
<tr><td></td><td></td><td></td><td></td><td></td><td></td><td></td><td></td><td></td></tr>
<tr><td>评级情况综述</td><td colspan="8"></td></tr>
<tr><td rowspan="2">评级组织</td><td colspan="3">评级单位自评：</td><td colspan="5">上级主管部门认定：</td></tr>
<tr><td colspan="3">负责人：
组成人员：</td><td colspan="5">负责人：
认定人员：</td></tr>
</table>

设备等级评定汇总表

工程名称：								填表日期	年　月　日			第　页　共　页
设备名称型号	投运日期	大修日期	试验日期	自评日期	自评等级			降级原因	认可等级			理由
					一类	二类	三类		一类	二类	三类	
单项设备	名称			数量		等级			完好率			%

定轮式平面钢闸门设备等级评定表

工程名称		编号		评定日期	年　月　日		
评级单元	检查项目	检查结果		单元等级			备注
		合格	不合格	一	二	三	
门叶	面板结构无明显局部变形						
	梁系结构无明显局部变形						
	一、二类焊缝无裂纹						
	吊耳板无任何裂缝和其他缺陷						
	紧固件无松动或缺件现象						
	上下节连接牢靠						
防腐蚀要求	防腐蚀涂层外观						
	锈蚀坑情况						
	防腐措施						
	门体附件及隐蔽部位防腐蚀						
润滑系统	润滑部位加油及灵活程度						
	油脂选用合理，油质合格						
	润滑设备及零件齐全、完好						
	润滑系统畅通无阻						
行走支承装置	主滚轮圆度偏差						
	主滚轮与轨道接触良好						
	侧滚轮转动灵活可靠						
止水	止水密封性及漏水量						
	止水橡皮、止水座						
门槽及埋设件	活动门槽固定螺丝无松动、脱落						
	主轨无啃轨及气蚀，无脱落						
	导向轨道表面清洁平整、无脱落						
	门槽混凝土部分完整						
安全设施	扶梯、栏杆、门槽盖板						
工作场所	闸门、门槽及附件整洁，无油污						
设备运行情况	闸门操作运行安全可靠、灵活						
	闸门无异常震动及响声						
技术资料	图纸资料齐全						
	检修资料齐全，检修记录完整						

设备等级评定	等级类别	数量	百分比	评定等级
	一类单元			
	二类单元			
	三类单元			

检查人：　　　　记录人：　　　　责任人：

卷扬式启闭机设备等级评定表

工程名称		编号		评定日期	年　月　日

评级单元	检查项目	检查结果		单元等级			备注
		合格	不合格	一	二	三	
电气及显示仪表	有可靠的供电电源和备用电源						
	设备的电气线路布线及绝缘情况						
	各种电器开关及继电器元件						
	电气设备中的保护装置可靠						
	开度仪及其他表计工作正常						
	各种信号指示正确						
润滑要求	润滑部位按规定注入或更换润滑油						
	润滑的油质、油量						
	密封性良好,不漏油						
	润滑设备及其零件齐全、完好						
	油路系统畅通无阻						
电机	能达到铭牌功率,能随时投入运行						
	电机绕组的绝缘电阻合格						
	电机外壳接地应牢固可靠						
制动器	制动器应工作可靠、动作灵活						
	制动轮表面无裂纹、无划痕						
	制动器的闸瓦及制动带						
	制动器闸瓦退程间隙						
	制动器上的主弹簧及轴销螺钉						
	电磁铁在通电时无杂音						
	液压装置工作正常,无渗漏						
传动系统	减速器齿轮啮合良好,无磨损						
	减速机油位在规定范围						
	轴和轴承						
	联轴节						
	开式齿轮						

续表

工程名称		编号		评定日期	年　月　日		
评级单元	检查项目	检查结果		单元等级			备注
		合格	不合格	一	二	三	
启闭机构	卷筒装置						
	钢丝绳						
	排绳器						
吊具	吊环、悬挂吊板、心轴等						
	滑轮组零件及滑轮						
	花篮螺栓						
机架	机架结构(变形、裂缝)						
	钢架结构件的连接、高强螺栓的紧固						
防腐蚀要求	机械的金属结构表面防腐蚀处理						
	涂层均匀,整机涂料颜色协调美观						
安全防护	严禁堆放易燃易爆品,设有消防器具						
	电气						
	启闭机室或启闭工作平台与外界隔离						
工作场所	整齐、清洁、油污、废弃物						
	照明等						
设备运行状况	启闭机达到的规定额定能力						
	启闭机的状态完好						
	按指令操作						
技术资料	设备图纸及产品说明书齐全						
	运行资料齐全,记录完整						
	检修资料齐全,检修记录完整						

设备等级评定	等级类别	数量	百分比	评定等级
	一类单元			
	二类单元			
	三类单元			

检查人：　　　　记录人：　　　　责任人：

电源设备等级评定表(格式1)

工程名称		编号		评定日期	年 月 日		
评级单元	检查项目	检查结果		单元等级			备注
		合格	不合格	一	二	三	
柜体	柜体结构牢固,油漆保护完整,无锈蚀						
	铭牌标志正确清晰完整						
	表面清洁,无灰尘污垢,无变形						
	柜内整洁,无积垢						
	封闭严密,无小动物痕迹,电缆进出孔封板完整						
隔离刀闸	隔离刀闸容量满足实际运行要求						
	进、出线桩头连接紧固,无过热现象						
开关	开关容量满足实际运行要求						
	过流脱扣装置按要求整定(如有)						
	欠压脱扣装置按要求整定(如有)						
	进、出线桩头连接紧固,无过热现象						
	辅助触点接触良好,动作可靠						
互感器	变比选择合适						
	进、出线桩头连接紧固,无过热现象						
熔断器	熔断器外观无损伤、开裂、变形,绝缘部分无闪烁放电痕迹						
	熔断器各接触点完好,接触紧密,无过热现象						
	进、出线桩头连接紧固,无过热现象						
	熔断器熔断信号指示器指示正常						
	熔断器和熔体的额定值与被保护设备相配合						
抽屉结构及插件	抽屉轨道无变形、无卡阻						
	一次插件接触良好,无过热现象						
	二次插件接触良好						
仪表及指示灯	仪表误差符合规程规定						
	回零位好,可动部件转动灵活						
	外壳、玻璃、端子、刻度盘、指针、零位调整器完整,封闭严密						
	仪表机械部分零件无松动或焊接不良现象						
	数字表显示正确						
	指示灯完好,显示正确						

续表

工程名称		编号		评定日期	年 月 日			
评级单元	检查项目	检查结果		单元等级			备注	
		合格	不合格	一	二	三		
二次线路	套管标号完整、清晰							
	二次接线正确，绝缘良好，排列整齐、规范							
安全防护	柜体与四壁安全距离应符合规范规定							
	外壳接地可靠，接地电阻符合规范要求							
	按要求配备绝缘垫							
工作场所	整齐、清洁，无油污、废弃物							
	照明光照度符合要求							
	严禁堆放易燃易爆品，并设有消防器具							
设备运行情况	操作灵活，运行可靠							
	运行时无异常升温及响声							
技术资料	图纸资料齐全							
	检修资料齐全，检修记录完整							
	试验资料齐全							
设备等级评定	等级类别	数量	百分比	评定等级				
	一类单元							
	二类单元							
	三类单元							
检查人：		记录人：		责任人：				

附录 D　工程观测相关记录表式

1. 测压管

测压管水位统计表

观测时间				水位(m)		测压管水位(m)					
月	日	时	分	上游	下游						

2. 垂直位移

垂直位移观测成果表

始测日期		年 月　日	上次 观测日期	年 月　日	本次 观测日期	年 月　日	间隔　天
测点		始测高程 (m)	上次 观测高程 (m)	本次 观测高程 (m)	间隔位移量 (mm)	累计位移量 (mm)	备注
部位	编号						

垂直位移量变化统计表

测点		累计位移量(mm)							
部位	编号	年 月 日	年 月 日	年 月 日	年 月 日	年 月 日	年 月 日	年 月 日	年 月 日
统计	部位	最大累计位移量(mm)	测点编号	观测日期	历时(年)	相邻最大不均匀量(mm)	相邻两测点部位、编号	观测日期	历时(年)

3. 河道断面

河道断面观测成果表

断面编号			里程桩号			观测日期		
点号	起点距(m)	高程(m)	点号	起点距(m)	高程(m)	点号	起点距(m)	高程(m)

注：起点距从左岸断面桩起算，以向右为正，向左为负。

河道断面比较表

工程竣工日期：　　　　上次观测日期：　　　　本次观测日期：　　　　计算水位：　　　　m

断面编号	里程桩号	计算水位断面宽(m)			深泓高程(m)			断面间距(m)	河床容积(m^3)			间隔冲淤量(m^3)	累计冲淤量(m^3)
		标准断面	上次观测	本次观测	标准断面	上次观测	本次观测		标准断面	上次观测	本次观测		

附录E 维修养护相关记录表式

闸设备修试记载卡片

卡片编号：________

设备名称：____________ 代号：____________ 编号：____________

制造厂铭牌：____________ 型号：____________ 产品编号：____________

出厂时间：________年________月 生产厂家：__________________

首次投运日期：________________

管理单位：____________________

登记人：__________ 单位负责人：__________ 编制日期：________年______月______日

检修试验记载

第________页

修试时间	修试项目	结果或数据	修试者	备注

附录 F　安全生产相关记录表式

安全生产全年工作安排一览表

序号	工作内容	时间	备注
1	元旦期间安全生产工作	元旦前后	
2	春节期间安全生产工作	春节前后	
3	汛前安全生产大检查	4 月份	
4	防汛防台工作	汛期	
5	五一期间安全生产工作	五一前后	
6	“安全生产月”活动计划(方案)	5 月 25 日前	
7	“安全生产月”活动	6 月份	
8	“安全生产月”活动总结	6 月 25 日前	
9	十一期间安全生产工作	十一前后	
10	汛后安全生产大检查	10 月份	
11	冬季安全生产工作	11 月至次年 2 月	
12	年度安全生产工作计划、总结	12 月 10 日前	
13	年度安全资料汇编成册	12 月底	
14	安全组织机构人员调整，制度修订	随时	
15	新(转岗)职工岗前安全培训(教育)	随时	
16	经营工地安全生产工作情况(组织网络、安全措施、检查情况)	随时	
17	安全信息报道	随时	
18	特种设备注册、检测及特种作业人员持证上岗情况登记	随时	
19	安全月报	每月 25 日前	
20	安全生产活动	每月 1 次以上	
21	安全生产检查	每月 1 次以上	
22	月度安全生产工作计划、总结	每月 25 日	

安全生产组织机构

组　长	
安全员	

组织网络图：

安全组织调整情况：

安全生产活动记录

活动主题			
活动时间		活动地点	
参加人员			
主持人		记录人	
活动内容			
活动效果			

______年______月事故隐患排查治理统计分析表

	序号	隐患名称	检查日期	发现隐患的人员	隐患评估	整改措施	计划完成日期	实际完成日期	整改负责人	复验人	未完成整改原因	采取的监控措施
本月查出隐患												
本月前发现隐患												

本月查出隐患　　项，其中本单位自查出　　项，隐患自查率　　%；本月应整改隐患　　项，实际整改合格　　项，隐患整改率　　%

单位领导（签字）：　　　　　　　　　　填表人（签字）：

安全事故登记表

事故部位			发生时间		
气象情况			记录人		
伤害人姓名	伤害程度	工种及级别	性别	年龄	备注
事故经过及原因					
经济损失	直接		间接		
处理结果					
预防事故重复发生的措施					

应急预案演练记录

演练内容			
演练时间		演练地点	
负责人		记录人	
参加人员			
演练方案			
演练总结			

附录 G　档案资料相关记录表式

借阅档案登记表

序号	日期	单位	案卷或文件题名	利用目的	期限	卷号	借阅人签字	归还日期	备注

档案库房温/湿度记录表

库房号	时间(年/月/日/时/分)	温度(℃)	湿度(%RH)	记录人	备注

附录 H　水政管理相关记录表式

行政执法巡查记录

编号：

巡查时间	
巡查地点 或线路	
巡查情况	
对巡查出的 问题所采取的 措施	
巡查人员 签名	
巡查负责人 签名	
备注	

水行政执法巡查月报表

（　　年　　月）

填报单位：

巡查人次	巡查次数	巡查重点	违章建筑（m^2）	违章圈圩（亩/处）	违章取土（起）	违章占用（m^2）	违章种植（亩）	违章凿井（眼）	网、簖	违章坝埂道	非法采砂船（只）	备注
		水工程管理范围										
案件查处数(件)	案件受理(件)		案件类型(件)						案件执行情况			备注
	现场处理	立案查处	水资源案	河道案	水工程案	水土保持案	非法采砂案	其他案	结案数	上月遗留数	当月查结数	

典型情况（具体事由及处理情况）：

审核人：　　　　填报人：　　　　联系电话：　　　　填报日期：　　年　　月　　日

附录 I　水闸控制运用作业指导书示例

第一节　适用范围

本作业指导书用于指导水闸工程调度、设备操作、运行值班等全过程管理。

第二节　编制依据

本作业指导书的编制主要依据如下：

GB/T 5972　起重机、钢丝绳、保养、维护、检验和报废

GB/T 5975　钢丝绳用压板

GB 50026　工程测量规范

DL/T 596　电力设备预防性试验规程

DL/T 1476　电力安全工器具预防性试验规程

SL 27　水闸施工规范

SL 75　水闸技术管理规程

SL 105　水工金属结构防腐蚀规范

SL 214　水闸安全评价导则

SL 226　水利水电工程金属结构报废标准

SL 240　水利水电工程闸门及启闭机、升船机设备管理等级评定标准

SL 298　防汛物资储备定额编制规程

SL 381　水利水电工程启闭机制造、安装及验收规范

DB 32/T 1713 水利工程观测规程

DB 32/T 2948　水利工程卷扬式启闭机检修技术规程

本闸技术管理细则、规章制度与操作规程、工程设计文件等。

第三节　基本情况

3.1　工程概况

＊＊闸位于扬州市江都区境内的新通扬运河上，是江都水利枢纽配套工程之一。其主要作用是：自流引江水入里下河地区；配合江都抽水站抽排里下河涝水；配合江都三站发电。

工程于1977年11月开始兴建，1978年3月竣工，共13孔，设计流量550 m^3/s，属中型水闸。闸总长120 m，总宽91.2 m，每孔净宽6 m，底板高程−7.0 m（废黄河零点，下同），闸顶高程6.0 m，闸门采用上下扉门结构型式。

2005年至2007年进行了除险加固改造，主要内容有：桥头堡拆建，新增启闭机房；拆建公路桥荷载标准提高至公路Ⅱ级，桥面高程6.495 m（不包括铺装层、沥青路面），桥面净宽9.0 m，T形梁结构；闸门更新，其中1～12号孔上扉门由原下扉门改造而成，13号孔上扉门及1～13号孔下扉门重新制作；启闭机更新，1～12号孔下扉门启闭机更换为QP-2×160 kN卷扬式启闭机，13号孔启闭机更换为QPC-2×160 kN卷扬式启闭机，上扉门采用SGCDI-2×100 kN双钩式电动葫芦临时起吊并加锁定的启闭方式；新建工作桥为π形结构，桥面总宽5.1 m，高程为12.32 m；电气设备及自动化监控系统更新改造；闸墩水上部分、工作桥排架及工作桥防碳化处理。

3.2 工程设计指标及主要设备技术参数

闸孔数	13孔	闸孔净高(m)	闸孔	12.2	所在河流	新通扬运河	主要作用	引水、排涝
	其中航孔1		航孔	12.2				
闸总长(m)	120.0	闸孔净宽(m)	闸孔	6.0	所在地	江都区仙女镇	开工日期	1977年11月
闸总宽(m)	91.2		航孔	6.0	工程规模	中型	竣工日期	1978年3月

主要部位高程(m)	闸顶	6.0	交通桥面	6.5	上游消力池底	−7.0	闸孔工作桥面	12.32	工作便桥面	6.0
	闸底	−7.0	胸墙底	3.0	下游消力池底	−7.0	航孔工作桥面	12.32	水准基面	废黄河
	附近堤顶		上游左堤	6.0	上游右堤	6.0	下游左堤	6.0	下游右堤	6.0

交通桥标准	设计	汽—20	交通桥净宽(m)	9.0	工作桥净宽(m)	闸孔	4.6	闸门结构型式	闸孔	上下扉门、平面钢闸门
	校核	挂—100	工作便桥净宽(m)	1.0		航孔	4.6		航孔	上下扉门、平面钢闸门

启闭机型式	闸孔	卷扬式	启闭机台数	闸孔	12	启闭能力(kN)	闸孔	2×160	钢丝绳	规格	6×19—20—155
	航孔	卷扬式		航孔	1		航孔	2×160		数量	56 m×26

工程数量	土方(m^3)	600000	混凝土(m^3)	17086	闸门钢材(t)	195	备用电源	容量	75 kW
	石方(m^3)	7240	钢筋(t)		闸门表面积(m^2)	985.6		台数	1

护坡长度(m)	部位		上游	下游	引河(m)	上游	长度	底宽	底高	边坡	下游	长度	底宽	底高	边坡
	设计		80	30		设计	430	40	−8.0	1∶3	设计		40	−8.0	1∶3
	现有	左岸	80	350		现有	430	40	−8.0	1∶3	现有		40	−8.0	1∶3
		右岸	80	40	主要观测项目	垂直位移、河床变形									

第四节　工作任务及职责分工

4.1　工作任务

水闸工程控制运用工作任务主要包括调度管理、设备操作和运行值班等。

4.1.1　调度管理

a. 水闸应根据其规划设计要求和防汛防旱调度方案制定相应的控制运用原则，报上级批准，并接受其监督。

b. 水闸的控制运用由上级防办根据江苏省防汛防旱指挥部办公室的指令进行统一调度，管理所遵照执行，不得接受其他任何单位或个人的指令。

c. 对处防办下达的调度指令应详细记录、认真复核，在工程调度管理系统中打印调度任务表。指令执行完毕，应立即向处防办报告指令执行情况，并在工程调度管理系统中完成调度操作记录。若因设备突发故障一时难以执行，应向处防办如实汇报，并及时组织抢修。

d. 在保证工程安全、满足调度指令要求的前提下，应防止河床淤积及水质污染。

4.1.2　设备操作

a. 运行人员数量和素质应满足运行要求。

b. 闸门启闭前，做好上下游管理范围、闸门、启闭机、电气设备、监控系统的检查及开闸预警等准备工作。

c. 按闸门启闭方案及运行操作规程进行启闭。

d. 观察电压、电流、上下游水位和流态等。

e. 闸门启闭后，核对流量与闸门开度，填写闸门启闭记录。

4.1.3　运行值班

a. 负责工程的日常运行管理。

b. 严格执行本工程操作规程和上级指令，做好闸门启闭工作。

c. 负责做好闸门运行启闭前后的观测、检查工作，发现异常及时处置并报告，避免事故发生或损失扩大。

d. 负责值班室、控制室等区域内的卫生保洁工作，确保环境整洁卫生。

e. 完成管理所交办的其他工作。

4.2　职责分工

a. 水闸运行期间管理所设总值班，总值班人一般由管理所负责人或技术负责人担任。同时，在水闸现场安排 2 名人员进行运行值班。

b. 总值班应负责所管工程的运行调度，按照水闸管理规定，负责对运行人员及运行工作的日常管理，保障水闸的正常、安全运行。

c. 发生突发事件或事故时，总值班应组织人员进行处置，并上报所主要领导或管理处。

d. 值班人员应熟悉运行管理的相关知识和要求，严格执行管理制度。

e. 技术人员负责检查各运行班的安全运行，对运行资料进行检查、分析、管理，对运行中必需的维修和故障抢修进行技术指导。

第五节　控制运用要求

5.1　工程控制原则

本闸控制应遵循下列原则：

a. 本闸设计开关闸水头差，下扉门 3.5 m（相应水位：上游 4.5 m、下游 1.0 m），上扉门 1.5 m（相应水位：上游 3.5 m、下游 2.0 m）。

b. 向里下河地区自流引江水时，应根据长江潮位变化及时控制闸门开度，以控制引水流量及防止倒流。

c. 泵站抽排里下河地区涝水时，闸门应保持大开度。

d. 当需要开启上扉门时，应先将下扉门提出水面，再逐孔开启上扉门，关闭时先关上扉门，再关下扉门。

5.2　闸门启闭要求

a. 闸门操作应由 2 名或 2 名以上熟悉业务的工作人员进行操作，其中一人操作，一人监护。遇大流量运行或特殊运行工况时管理所所长及技术负责人应到场指挥。

b. 当大流量引排水时，工作桥及工作便桥上应派专人观察，发现异常情况及时停机处理。

c. 过闸流量必须与下游水位相适应，使水跃发生在消力池内；当初始开闸或较大幅度增加流量时，应采取分次开启办法，每次开启后需等闸下水位稳定后才能再次增加开启高度，以防对下游两岸的冲刷；闸门开度＞5 m 后，可直接开至目标流量的相应高度；当只需小流量引水时，闸门可采取间隔开启的方法，严禁单孔或极少数孔一次开启到顶，闸孔泄流量不得超过安全单孔流量。

d. 当闸门接近最大开启或接近关闭时，要特别注意，不能完全依赖限位开关，以避免限位开关失灵而造成闸门和启闭机损坏。

e. 过闸水流应平稳，避免发生集中水流、折冲水流、回流、漩涡等不良流态，如果发生这种情况，要及时适当调整闸门开启高度，以消除不正常现象。

f. 在确保建筑物及岸坡安全的情况下，所有开启的闸门应尽量保持在同一开启高度。

g. 关闸或减少过闸流量时，应避免下游河道水位降落过快。

h. 应避免闸门开启高度在发生振动的位置，当闸门发生振动时，应适当调整开启高度，避开发生振动的位置，发现闸门或启闭机有不正常响声时，应立即停机检查，待故障排除后，方可继续启闭。

i. 闸门启闭完成后，应立即切断电源，并检查启闭机的制动装置是否可靠。做好闸门启闭记录，并及时向处防办报告。

j. 冬季启闭时，应防止出现闸门周边及滚轮冻结现象。解冻期间一般不宜泄水；如必须泄水，闸门启闭前，应采取措施，消除闸门周边和运转部位的冻结，然后将闸门提出水面或小开度泄水，防止闸门止水拉坏、启闭机电机过负荷等情况发生。

第六节　闸门启闭操作流程及步骤

6.1　闸门启闭操作流程

根据运行规程和操作要求，绘制运行操作流程。＊＊闸启闭操作流程如下图所示。

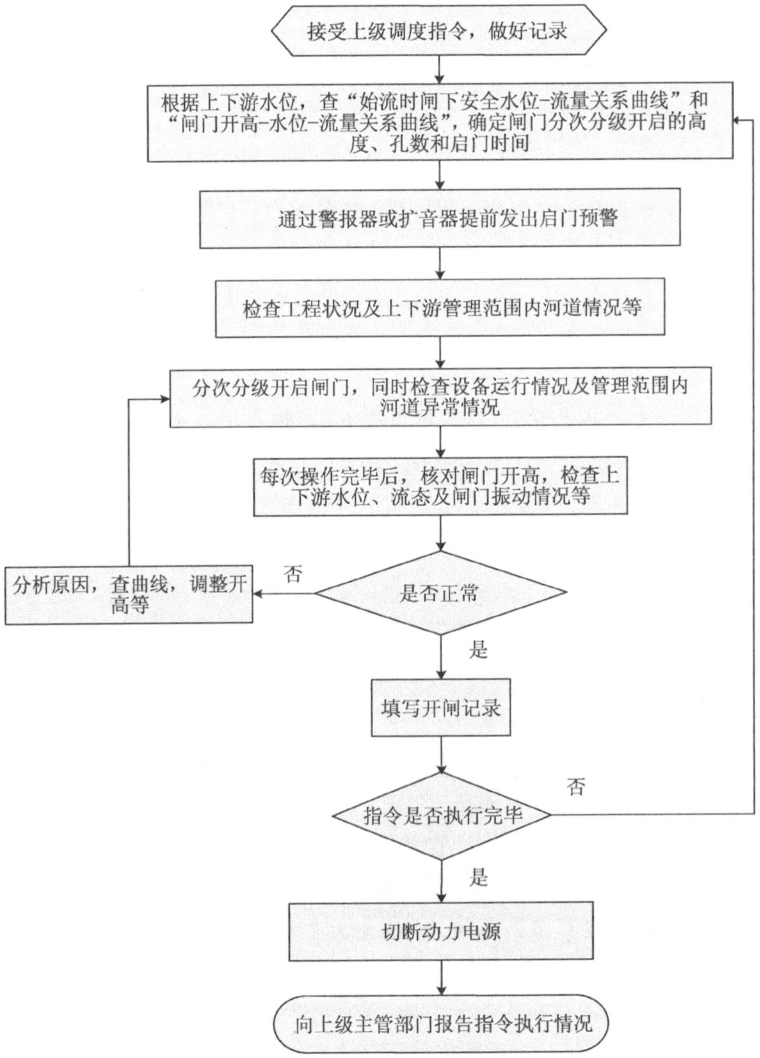

图 6-1　启闭操作流程图

6.2 闸门启闭前的准备工作

6.2.1 上下游检查

a. 检查上下游警戒区内有无停泊的船只，如有船只停泊，用鸣笛警示、扩音器喊话或人工方式通知上下游警戒区的船只，使警戒区内船只迅速撤离至安全水域，打开禁航灯，如图6-2所示。

图6-2 下游河道检查

b. 检查上下游水面，观察闸门位置，重点是闸门门槽附近有无影响闸门启闭的漂浮物或其他行水障碍，并予以清除，如图6-3所示。检查上下游拦河索是否正常。

图6-3 闸门及门槽检查

6.2.2 水工建筑物检查

a. 管理范围内有无违章建筑和危害工程安全的活动；有无违章搭建；有无违章种植、取土等行为;界桩是否齐全完好。

b. 是否有影响水闸安全运行的障碍物。

c. 建筑物、设备、设施是否受损。

d. 工程状态是否正常。

e. 工程环境是否整洁,有无垃圾、杂物、漂浮物等。

f. 水体是否受到污染。

g. 各类提示、警示、宣传标志标牌是否完好。

6.2.3 机电设备检查

a. 高低压开关柜内示温片应无熔化、脱落现象,高低压接线桩头应无放电痕迹,仪表显示正常,柜体内及接线桩头应无积尘。

b. 若遇电网停电,应立即启用发电机组供电。

c. 检查启闭设备、闸门、钢丝绳、微机监控设备、仪表及润滑系统应正常,电压应在380 V ±10%范围内。

注:断开启闭机控制柜电源。用500 V摇表测量启闭机电机绝缘,要求≥0.5 MΩ。

6.2.4 确定闸门开高及开启孔数

a. 观测上下游水位,根据“始流时闸下安全水位-流量关系曲线”查得始流时可泄放的安全流量。

b. 根据“闸门高度-水位-流量关系曲线”确定闸门开高和开启孔数,并做好闸门调整前相关数据的记录。

6.3 操作控制系统的供电方式

水闸操作控制系统的供电方式有两种。

a. 正常的市网供电,即通过高压供电线路送电到变压器,由变压器降压至400 V,再通过低压供电电缆接入低压配电盘,再供电至操作控制系统。

b. 市网供电线路停电,则启动自备电源——柴油发电机组,通过双电源转换开关接至低压配电盘,再供电至操作控制系统。

6.4 闸门启闭动力电源送电操作步骤

a. 闸门启闭动力电源送电操作步骤为:合隔离刀闸→合市电网动力电源总开关→合无功补偿开关→合启闭机动力电源。

b. 隔离刀闸的操作如下:

高压开关柜上合上隔离刀闸,操作手柄垂直向上推为合闸,向下拉为分闸,如图6-4所示。

注:不得带负荷拉(合)隔离刀闸,操作时应穿经试验合格的绝缘靴,戴绝缘手套。

c. 动力电源总开关的操作如下:

低压进线柜动力电源总开关操作：将合闸旋转手柄由分位顺时针方向旋转 90°进入“市电”合闸状态，将合闸旋转手柄由分位逆时针方向旋转 90°进入“自发（电）”合闸状态，如图 6-5 所示，此时动力电源总开关处于分闸状态。

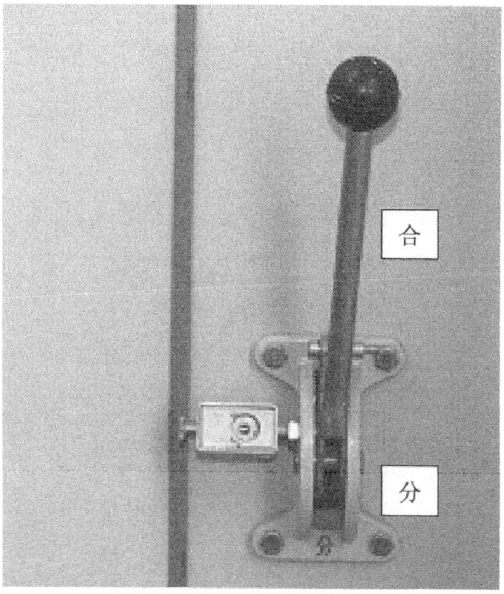

图 6-4　隔离刀闸分、合状态

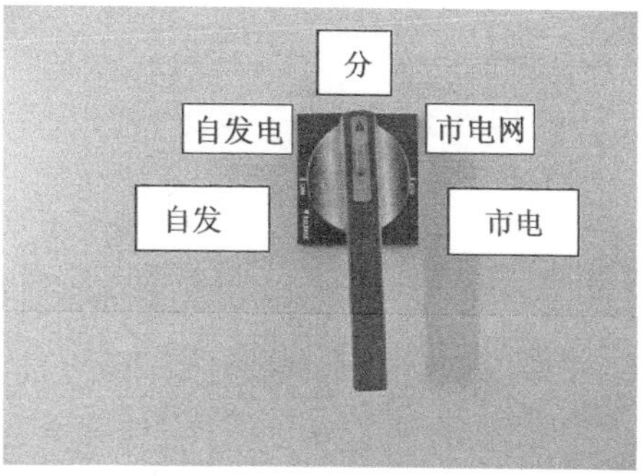

图 6-5　动力电源总开关

d. 无功补偿投入的操作如下：

无功补偿投入的操作，将旋钮由分位顺时针方向旋转 90°即进入合闸状态，如图 6-6 所示为分闸状态。

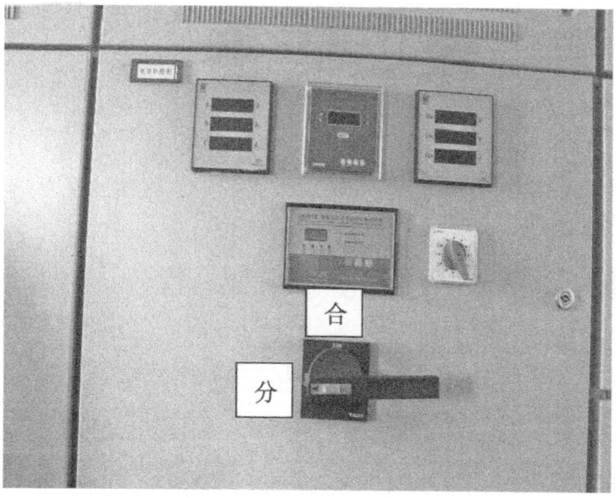

图 6-6　无功补偿投入开关

e. 闸门动力电源开关操作如下：

闸门动力采用双路电源，闸门启闭前须将闸门动力电源柜内抽屉上的“启闭机 1”“启闭机 2”电源全部投送。操作时将合闸旋钮由分位顺时针方向旋转 90°进入合闸状态，此时合闸指示灯（红色）亮，分闸指示灯（绿色）熄灭；将合闸旋钮由合位逆时针方向旋转 90°进入分闸状态，此时分闸指示灯（绿色）亮，合闸指示灯（红色）熄灭，图 6-7 所示为合闸状态。

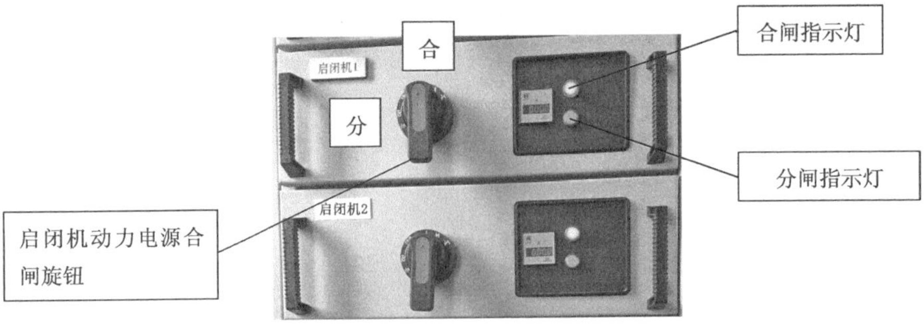

图 6.7　闸门动力电源

6.5　柴油发电机组运行操作规定及步骤

6.5.1　一般规定

a. 在寒冷季节和环境温度低于 5℃时，应将散热水箱、循环水泵、柴油机内腔积存的水排净，或加注防冻剂，以防冻裂机组。

b. 平时应对柴油机、发电机及蓄电池进行保养，以确保机组工作正常可靠，机组长期不用，蓄电池应定期充放电，并检查 H_2SO_4 比重。

c. 机组长期不用时，每月至少试运行 1 次。柴油发电机工作到规定时间后，应进行大修。

d. 发电机组运行期间，操作人员应严守岗位，注视各种表计的数值及变化情况。操作结束后，应将双投闸刀合在"电网"位置上，各部位恢复原位，并做好机组运行记录。停机后应对机组进行清洁。机房内应悬挂"严禁烟火"标示牌，机房门上应悬挂"机房重地，闲人免进"的标示牌。

6.5.2　柴油机启动前检查内容

启动发电机组前，操作人员应检查：

a. 柴油发电机各部分是否正常，连接是否可靠。

b. 机油、冷却水、燃油量是否正常，有无泄漏现象，特别是油泵上的机油，不能太多也不能太少。

c. 电路系统连接是否可靠，蓄电池是否充电充足。

做好启动前的一切准备工作，在确保动力电源总开关、发电出线开关处于分闸状态且各项检查满足规定后方可启动。

6.5.3　运行操作步骤

a. 启动前准备工作完成并确认符合要求后，方可启动柴油机。

b. 排除燃油系统内的空气，并将燃油控制手柄置于怠速(约 500 r/min)的油门位置上。

c. 柴油发电机组的启动。

将电启动钥匙由 OFF(关闭)位置顺时针转动至 ON(打开)位置，接通柴油机启动电源，然后向右旋转钥匙至 START(启动)位置，使柴油机启动，如图 6-8 所示。

注：如扭转钥匙 5 s 后柴油机不能运转，则需待 2 min 后再进行第 2 次启动。若柴油机连续 4 次仍无法启动，应检查故障原因。

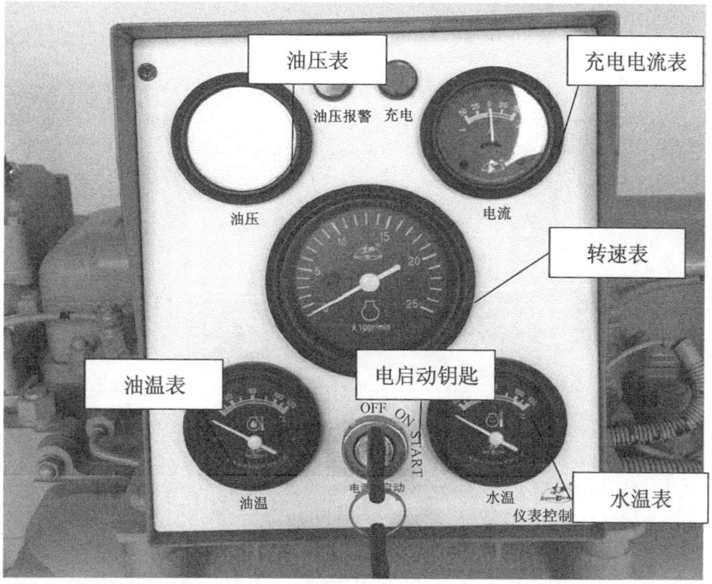

图 6-8　柴油机操作屏

d. 柴油发电机组运行。

柴油机启动后，应通过调节油门将转速控制在 600～700 r/min，并注意压力表数值应≥0.5 kg/cm²。如果压力表没有指示，应停机检查；当低转速运行正常后，可将转速增加到 1 000～1 200 r/min，进行柴油机的预热，当水温达到 55℃，机油温度达到 45℃时，转速可增加到额定转速 1 500 r/min。

注：机组正常工作时，机油压力应在 1.6～3.0 kg/cm²，水温、油温低于 90℃。

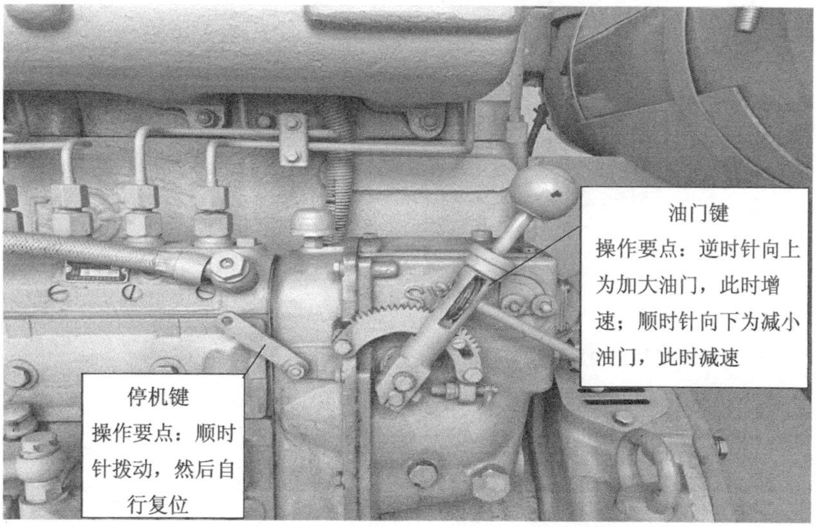

图 6-9　柴油机油门、停机操作键

e. 将自动调节开关打开，将电压输出转换开关旋转至 AB 档，当发电机频率表指向 50 Hz左右，发电机工作在额定电压 400 V 时，如图 6-10 所示，合上发电出线开关送电，如图 6-11 所示。

注：机组运行中，应避免突然增减负载，严禁水、油等杂物进入发电机内部，操作人员严禁接触转动部位和带电部位。

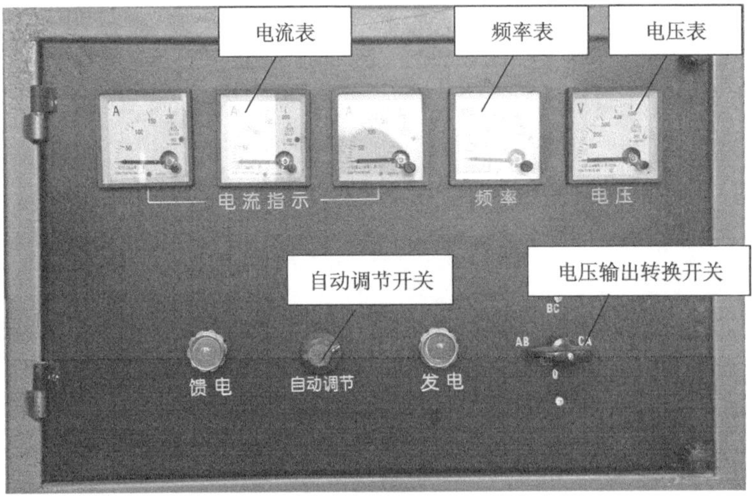

图 6-10　发电机控制屏

图 6-11　发电机出线开关

f. 停机时，应先逐渐切出负荷，分开发电出线开关，减小油门使柴油机转速逐渐下降到 600～700 r/min，待柴油机工作温度自行下降到 70℃以下，方可拨动停机键停机，如图 6-9。最后将电启动钥匙由 ON 位置转动至 OFF 位置。

注：运行过程中，应注意巡视检查，确保机组的运行声音和振动正常；发电机的输出电压、电流、频率、有功功率、无功功率、励磁电压、励磁电流不超过额定值，各类仪表指示正常；发电机组各部分的温度、各轴承温度、各处润滑油温度及冷却水温度均正常；柴油箱的油位、冷却水的水位正常，管路通畅；机油压力正常；无异味，无异常报警。

6.6　闸门现场启闭操作步骤

将现场控制柜上的“远控/断/现场开关”切换开关调到“现场”位置上，如图 6-12 所示。

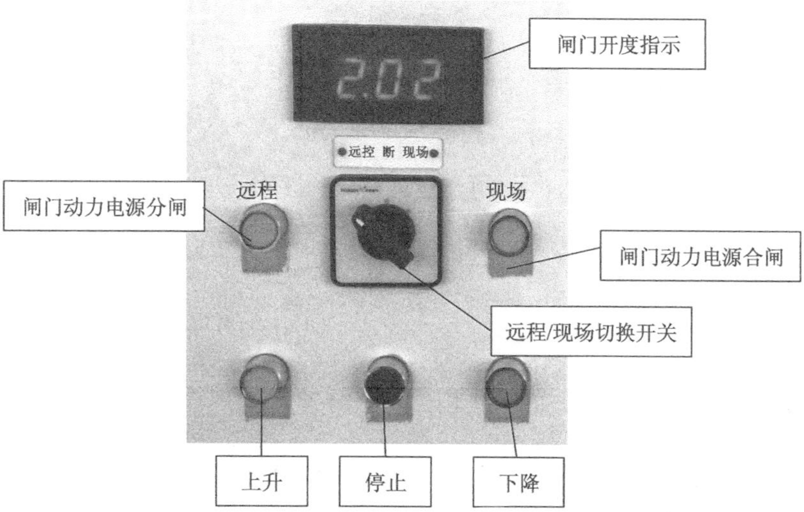

图 6-12　现场控制柜屏面

6.6.1　开闸运行

a. 按照闸孔开启顺序，在现场控制柜上，操作对应闸门动力电源合闸开关，操作“上升”按钮，电动机即启动，闸门开启。

注：闸门开启应遵循先中间后两侧的原则，根据调度流量和始流安全曲线开启至合适高度。

b. 在闸门开启过程中，密切观察闸门开度指示显示，到达所需启闭的位置，按下“停止”按钮，闸门停止。

注：在闸门开启过程中，应观察电源电压和工作电流（保护装置上的智能仪表，如图 6-13 所示）及启闭机有无异常声音、焦糊味等情况，如发现异常情况，应及时停车检查。

图 6-13　启闭机保护装置（智能仪表）

c. 开闸结束后，操作闸门动力电源分闸开关，断开闸门动力电源。

6.6.2　关闸运行

a. 按照闸孔关闭顺序，在现场控制柜上，操作对应闸门动力电源合闸开关，操作“下降”按钮，电动机即启动，闸门关闭。

b. 闸门关闭到底时，限位开关断开，闸门停止运行。

注：在闸门关闭过程中，密切观察闸门开度指示显示。同时，应观察电源电压和工作电流（保

护装置上的智能仪表,如图 6-13 所示)及启闭机有无异常声音、焦糊味等情况,如发现异常情况,应及时停车检查。

c. 闸门关闭结束后,操作闸门动力电源分闸开关,断开闸门动力电源。

注:闸门全关时应注意限位开关动作情况,若闸门关闭到底时,限位开关未动作,应立即现场手动按下"停止"按钮,并及时查明原因,调整限位开关。

6.7 闸门远程控制操作步骤

6.7.1 准备工作

将现场控制柜上的"远程/断/现场"切换开关旋转到"远程"位置上,如图 6-12 所示。

6.7.2 监控主机开关机操作

6.7.2.1 监控主机开机步骤

a. 检查监控主机与打印机、UPS、交换机等设备的连接插头是否完好(不松动)。

b. 打开 PLC 控制柜的电源。

c. 确保打印机电源接线良好。

d. 打开监控主机显示器的电源,打开监控主机的电源,登录后打开 intouchview 将自动进入主画面运行。

6.7.2.2 程序操作

进入程序后,呈现如图 6-14 所示的主画面。

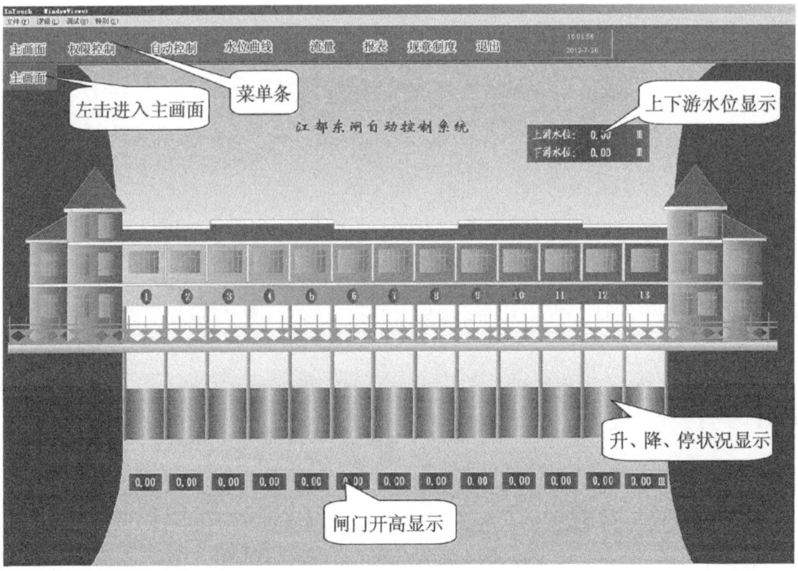

图 6-14 自动化操作主画面

6.7.2.3　主画面功能介绍

a. 主画面

主画面是自动化操作系统的一个运行画面。本画面反映了1～13号闸门的升、降、停状况;各闸门开高分别显示于其下方;本画面也显示了上游水位、下游水位,如图6-14所示。

b. 主接线

主接线反映了1～13号闸门的升、降、停状况;1～13号闸门的电流、电压,如图6-15所示。

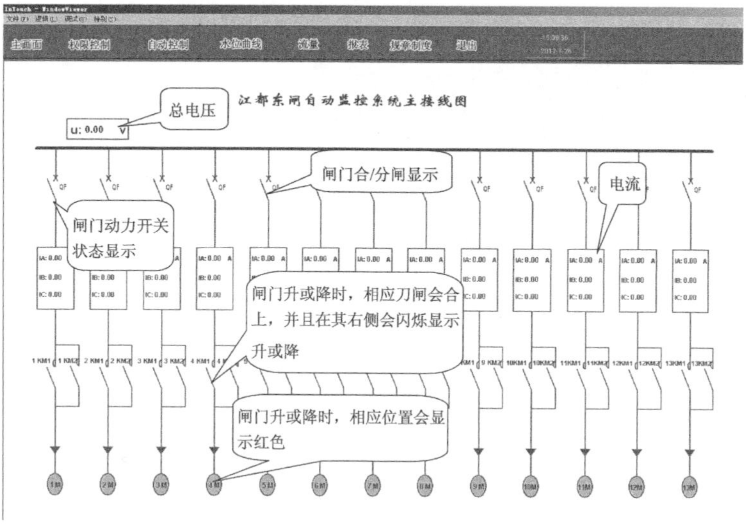

图6-15　自动化操作主接线

c. 闸门监测

闸门监测集中反映了1～13号闸门的升、降、停状况;1～13号闸门的电流、电压,如图6-16所示。

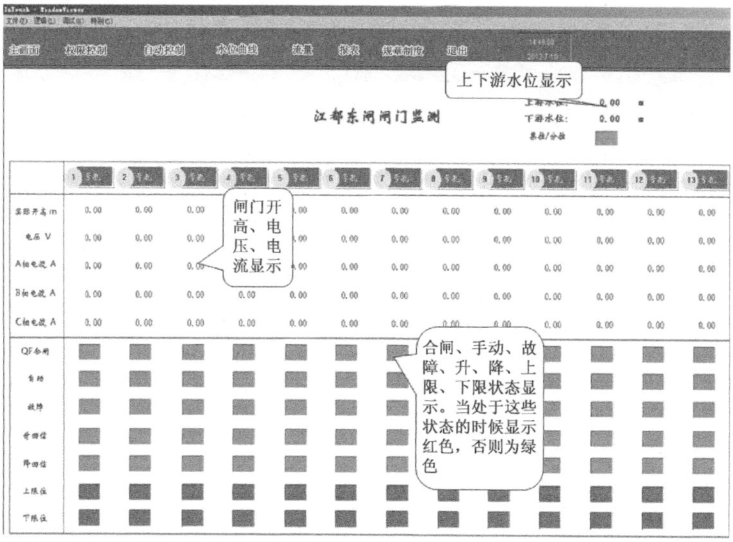

图6-16　闸门监测界面

6.7.3 开闸自动控制

6.7.3.1 权限控制

进入图 6-14 所示的界面后，点击权限控制按钮，弹出如图 6-17 所示的登录界面，权限登录选择用户名称(操作人员姓名)、输入密码，按回车键获取自动控制权限。

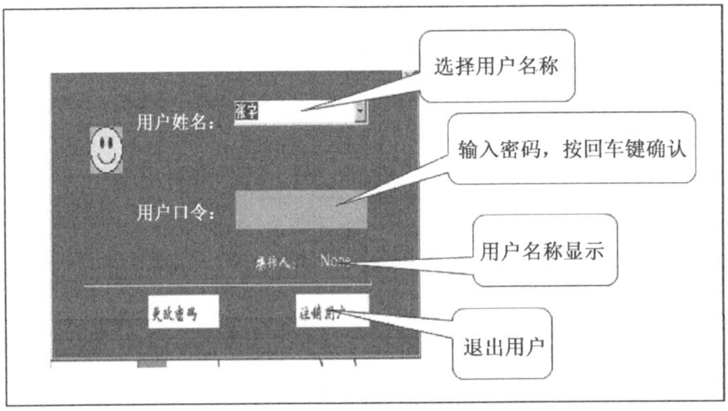

图 6-17 自动化控制登录界面

6.7.3.2 自动化开闸操作

本工程闸门开启自动化操作分 2 种模式：单孔控制和定开高联动控制。开闸操作时，首选定开高联动控制模式。

(1) 闸门单孔控制开闸

a. 闸门单孔控制，首先弹出开闸前准备工作的界面，如图 6-18 所示。自动开闸操作前，应按照流程，做好相关检查准备工作。

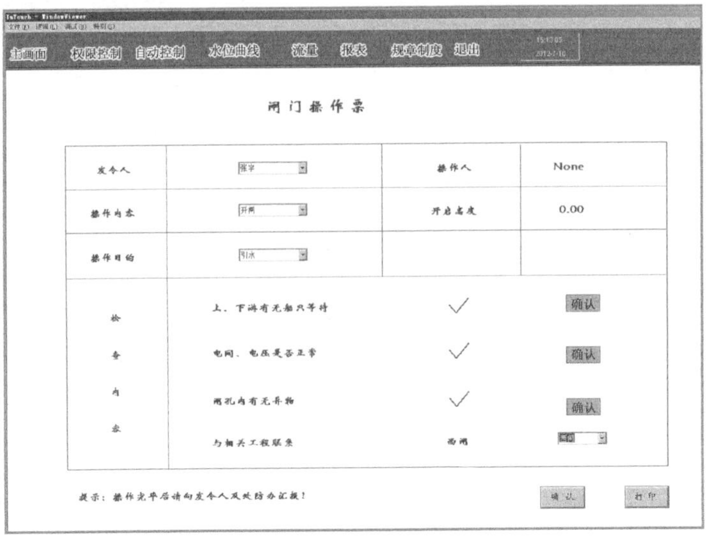

图 6-18 闸门操作票

b. 在此界面上按步骤分别选择发令人(所长)、操作内容(开闸)、操作目的(引水/排涝)(现场确认),登录操作人,输入开启高度,确认检查内容,一切都选好后首先打印,之后确认,进入闸门操作界面,如图 6-19 所示。

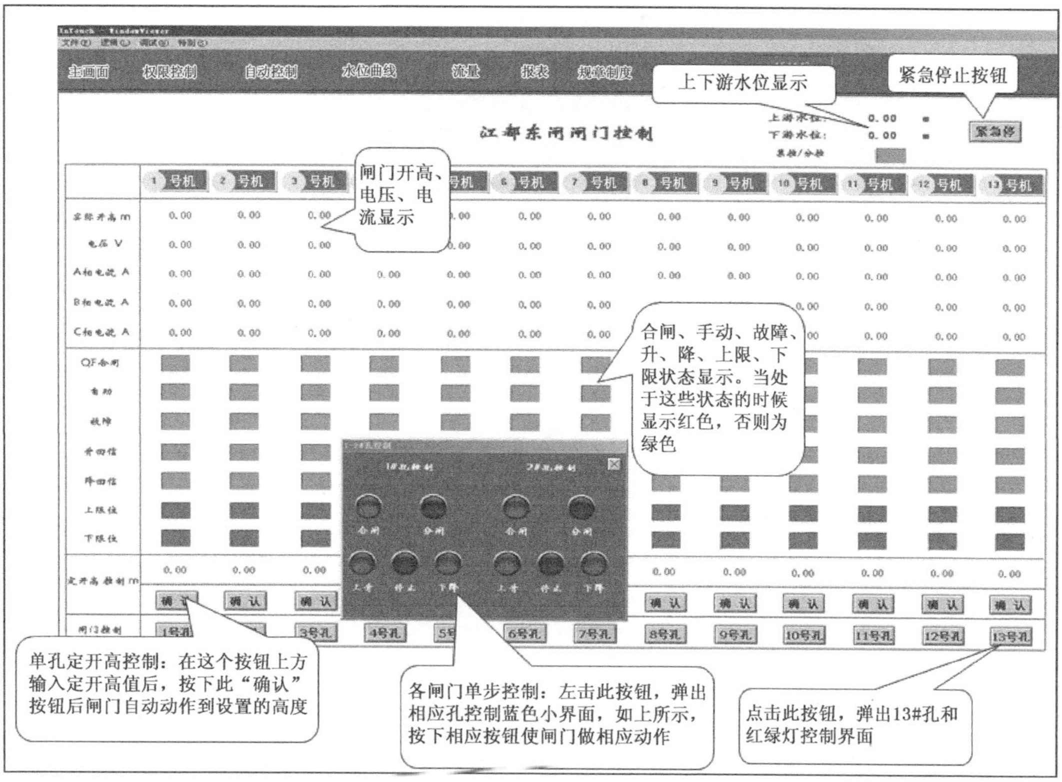

图 6-19　闸门单孔控制操作界面

c. 当操作人员登录后,将鼠标移至第一个需要开启的闸孔(中间一孔,通常是 7 号孔,如不需要全部开启,按照调度指令以在中间的一孔为准)控制合闸按钮处,按钮出现可以激活的虚线框,用鼠标左键按下此按钮,相应闸孔开启,控制回路电源接通。

d. 电源合闸后,操作人员点击控制面板下方的“上升”按钮,向主机发出开启闸门的控制命令,闸门开启。待上升到所需高度,点击相应的“停止”按钮,闸门启闭电机停止,制动器锁定,单孔闸门自动开启操作结束。按照此步骤,依次由中间向两边开启闸门。

(2) 定开高联动控制开闸

选择定开高联动模式,输入设定开高,点击“开闸”按钮,系统会从 7 号闸门开始,每隔 5 s,从中间往两边开闸,如图 6-20 所示。

注:运行过程中,如遇影响工程安全运行的特殊情况,可点击“紧急停”按钮,实现停机,停机后对相关设备进行检查。

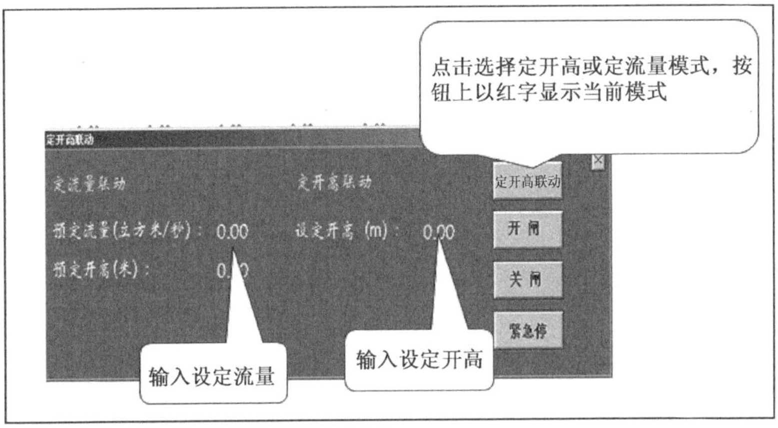

图 6-20　闸门定开高联动控制界面

6.7.3.3　自动化关闸操作

本工程闸门关闭自动化操作分 2 种模式，单孔控制和定开高联动控制。关闸操作时，首选定开高联动控制模式。

(1) 闸门单孔控制关闸

a. 点击闸门单孔控制，首先弹出关闸前准备工作的界面，如图 6-21 所示。自动关闸操作前，应按照流程，做好相关检查准备工作。

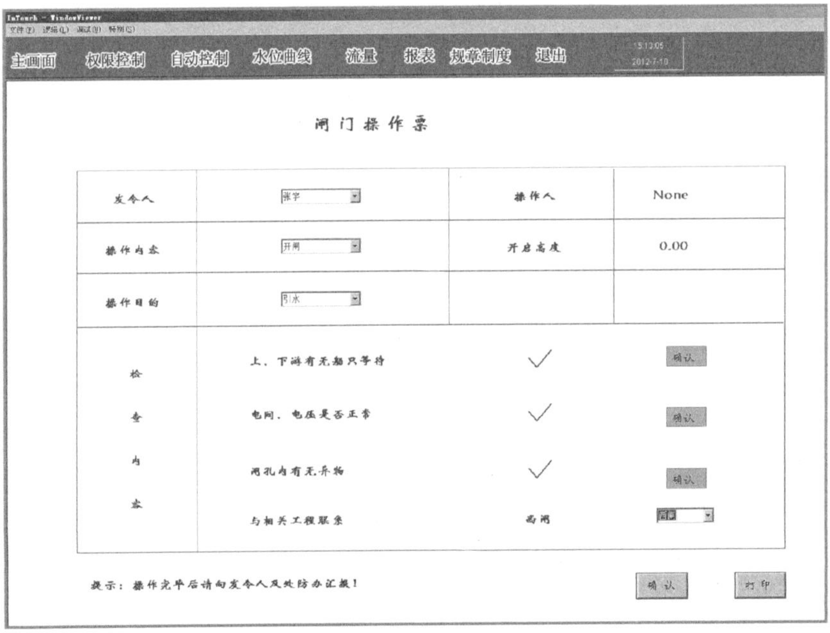

图 6-21　闸门操作票

b. 在此界面上按步骤分别选择发令人、操作内容及操作目的，登录操作人，确认检查内容，全部选好后首先打印，之后进行确认，进入闸门操作界面，如图 6-22 所示。

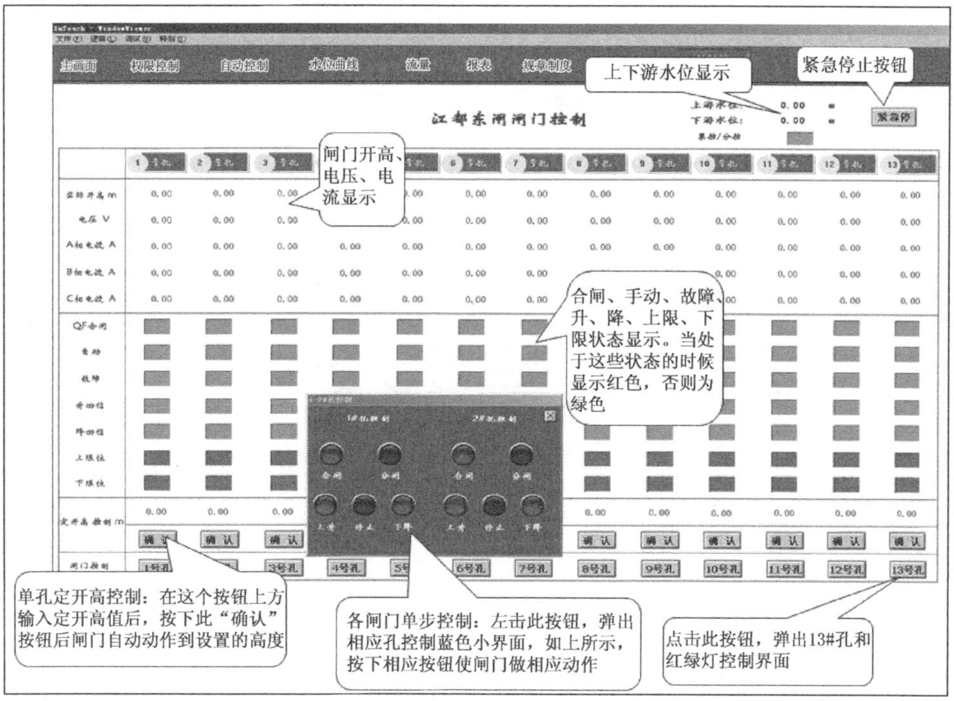

图 6-22　闸门单孔控制操作界面

c. 当操作人员登录后，将鼠标移至第一个需要关闭的闸孔（边上两孔中的一孔，通常是 1 号孔或 13 号孔，如未全部开启，按照实际在两边的闸孔为准）控制合闸按钮处，按钮出现可以激活的虚线框，用鼠标左键按下此按钮，相应闸孔关闭控制回路电源接通。

d. 电源合闸后，操作人员点击控制面板下方的“下降”按钮，向主机发出关闭闸门的控制命令，闸门关闭。待闸门关到底时，限位开关动作，闸门启闭电机停止，制动器锁定，单孔闸门自动关闭，操作结束。按照此步骤，依次由两边向中间关闭闸门。

(2) 定开高联动控制关闸

选择定开高联动模式，如图 6-23 所示。输入设定开高 0.00 m，点击“关闸”按钮，闸门会每隔 5 s 从 1 号、13 号闸门开始，往中间关闸。

注：运行过程中，如遇影响工程安全运行的特殊情况，可点击“紧急停”按钮，实现停机，停机后对相关设备进行检查。

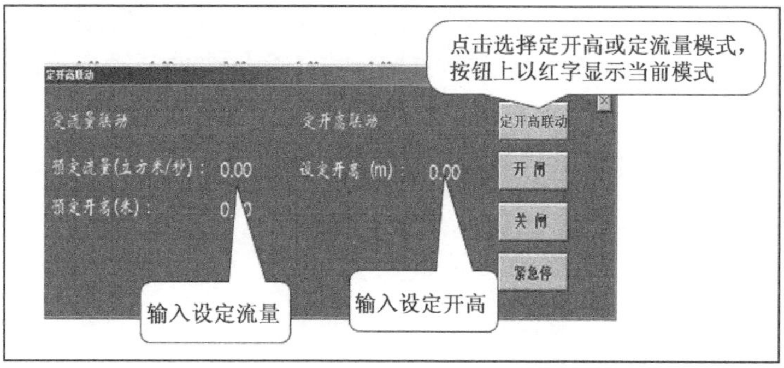

图 6-23　闸门定开高控制界面

6.7.3.4　退出

运行结束后，点击菜单条中靠右侧的退出菜单，如图 6-24 所示。

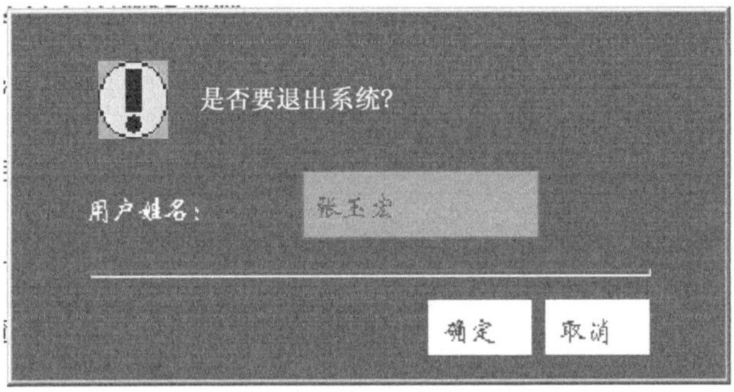

图 6-24　自动化控制系统退出界面图

6.7.3.5　监控主机停机步骤

a. 在监控主机微机上登记用户名和口令后单击主菜单中退出下拉菜单中的退出选项，监控系统显示退出系统提示，点击确定便退出 InTouch 运行程序。

b. 点击显示器左下方关机按钮，点击关机并且确认，计算机自动执行关机。

注：所有操作结束后，做好闸门启闭记录以及值班记录，断开闸门动力电源，关好启闭机房门窗，并按照规定做好运行巡视工作。

第七节　运行巡查

7.1　一般规定

运行巡视检查是指工程运行期间对水闸建筑物各部位、闸门、启闭机、机电设备、观测设施、通信设施、管理设施及管理范围内的河道、堤防和水流形态等进行检查。

a. 非汛期开闸运行每周 2 次；汛期开闸运行每天检查 1 次(超标运行每 2 h 1 次)；水闸在设计水位运行时，每天应至少检查 1 次，超设计标准运行时应增加检查频数；当水闸处于泄水运行状态或遭受不利因素影响时，对容易发生问题的部位应加强检查观察。

b. 巡视检查时应填写巡视检查记录，遇有危害工程安全的活动应及时制止，并详细记录；工程运用出现异常情况，应及时采取措施进行处理，并及时汇报。

7.2　巡查路线

7.2.1　巡查路线

上游左岸护坡→上游左翼墙→公路桥(上游河面、上游电动葫芦)→上游右翼墙→上游右岸护坡→下游右翼墙→下游右岸护坡→清污机启吊便桥(包括下游河面、清污机启闭机、清污机)→下游左岸护坡→下游左翼墙→工作便桥(包括闸室、闸门、皮带输送机、下游电动葫芦)→南桥头堡(清污机控制柜)→工作桥(启闭机房、启闭机、电动葫芦)→控制室→配电房→北桥头堡,如图 7-1 所示。

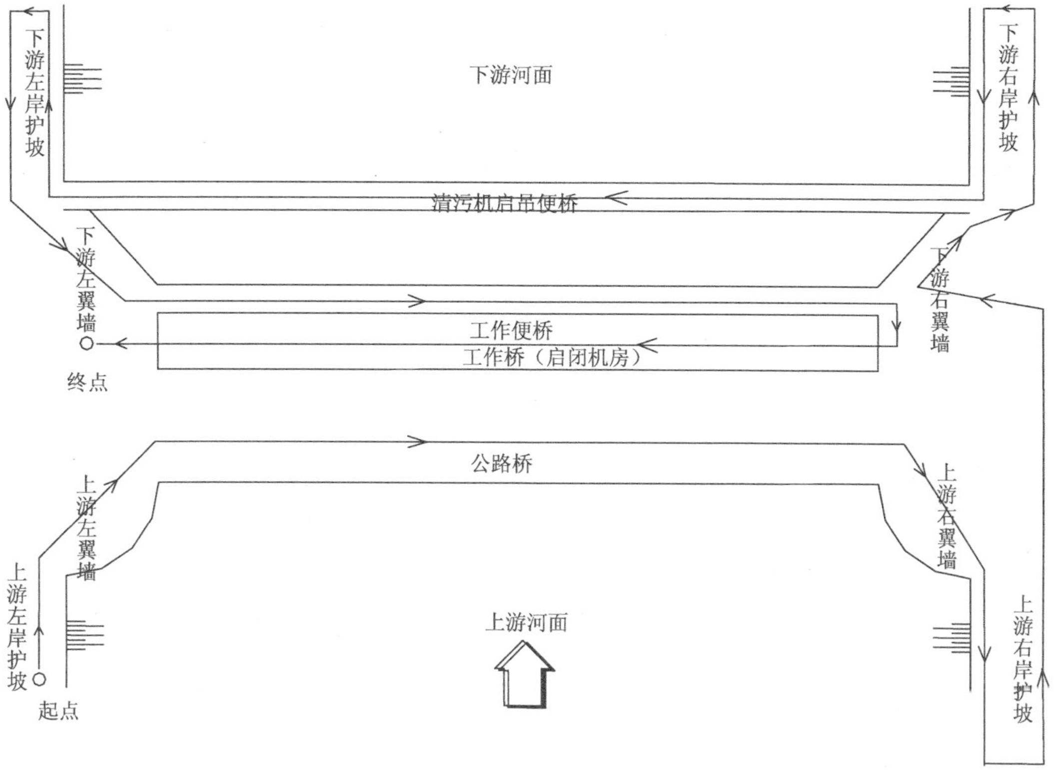

图 7-1 工程日常巡查路线图

7.3 巡查内容

运行巡查主要包括以下内容：

a. 闸室混凝土有无损坏和裂缝,伸缩缝是否完好,栏杆柱头是否完好,桥面排水是否正常。

b. 块石护坡是否完好,排水是否畅通,有无雨淋沟、塌陷等损坏现象。

c. 翼墙混凝土有无损坏和裂缝,伸缩缝是否完好。

d. 拦河设施是否完好,有无威胁工程的漂浮物。

e. 闸门有无振动、漏水现象,闸下流态、水跃形式是否正常。

f. 启闭机有无漏油,罩壳是否盖好,钢丝绳排列是否正常,有无明显的变形等不正常情况。

g. 电气设备运行状况是否正常,电线、电缆有无破损,开关、按钮、仪表、安全保护装置等动作是否灵活、准确可靠。

h. 观测设施、管理设施是否完好，使用是否正常，有无损坏、缺失等现象。

i. 通信设施运行状况是否正常。

j. 管理范围内有无违章建筑和危害工程安全的活动；是否有影响水闸安全运行的障碍物；工程环境是否整洁；水体是否受到污染等。

第八节 运行值班

8.1 值班管理

a. 值班人员应严格执行各项规章制度，不迟到，不早退，不得擅离职守，如遇特殊情况须离开岗位，必须征得本班班长的同意，方可离开。

b. 值班人员应集中思想，认真值班，不干与值班工作无关的事，不负责接待参观，不准睡觉，更不准酒后上班。

c. 值班人员衣着整齐，不准穿背心、裙子、短裤、睡衣、高跟鞋和拖鞋值班。

d. 值班人员应服从上级调度指令，若不能执行应及时向发令人汇报。

e. 值班人员应按规定认真巡查设备，确保设备运行安全。设备发生异常现象时，应及时处理。

f. 运行记录应按时填写，并要求记录清楚、正确、详细。

g. 值班室、控制室、启闭机房内等工作场所严禁吸烟，并做好清洁工作，保持现场整洁。

8.2 现场管理

a. 加强水闸运行现场管理，现场无杂物，安全设施齐全。

b. 运行现场各类管理制度及规程齐全，关键制度、规程及图表上墙明示。

c. 常用备品件齐全，对重要的、不常用备品件应制定应急方案，明确购置途径、联系方式及到货时间。

d. 控制室、值班室应有电气原理图、电气接线图、运行规程、应急预案等，以便随时学习查阅，及时解决运行故障。

e. 安全工具经试验合格，专人保管，定点摆放，使用前应进行外观检查。

f. 运行现场应配有手持式照明电源及常用工具，重要部位的钥匙应统一管理，在值班室定点摆放并做好交接。

g. 保持启闭机房、值班室及控制室运行现场清洁，设备完好。

h. 各类运行及值班记录应记录齐全，并按要求收集整理，不得损坏、遗漏及随意涂改，定点摆放整齐。

8.3 交接班管理

a. 在交班前 30 min 由值班长召集交班人员，总结本班安全运行情况、维修工作情况、交班内容，检查运行记录应无遗漏、运行工具应完整齐全。

b. 接班人员在接班前先开班前会，提前 15 min 进入现场进行交接班，查看运行记录及专用记录，全面了解设备的运行情况和检修情况，查看备用设备情况，检查检修安全措施情况。交班人员必须在交班完毕后集体离开工作岗位。

c. 在交接班时交班人员必须详细介绍运行情况，值班长除了自己进行交接班外，尚须负责检查班内其他人员交接班的情况。

d. 在交接班中如发现设备有故障，交接班人员应相互协作予以排除。在接班人员同意后才能交班。

e. 在处理事故或进行重要操作时不可进行交接班，待完成后再进行交接。

第九节　管理制度

本工程控制运用管理制度主要包括调度管理制度、操作票制度、计算机监控系统管理制度、运行值班制度、交接班制度、闸门启闭操作规程、配电设备操作规程、柴油发电机组操作规程等。

第十节　台账资料

工程控制运用的台账资料主要包括：

a. 指令执行记录。

b. 闸门启闭记录。

c. 值班记录。

d. 巡查记录等。